混凝土结构加固方法与实施要点

林文修 编著

中国建筑工业出版社

图书在版编目(CIP)数据

混凝土结构加固方法与实施要点/林文修编著.—北京：中国建筑工业出版社，2007
ISBN 978-7-112-09746-3

Ⅰ.混…　Ⅱ.林…　Ⅲ.混凝土结构-加固　Ⅳ.TU37

中国版本图书馆 CIP 数据核字(2007)第 175244 号

混凝土结构加固方法与实施要点
林文修　编著

*

中国建筑工业出版社出版、发行（北京西郊百万庄）
各地新华书店、建筑书店经销
北京天成排版公司制版
北京市兴顺印刷厂印刷

*

开本：850×1168 毫米　1/32　印张：6　字数：158 千字
2008 年 2 月第一版　　2008 年 6 月第二次印刷
印数：3,501—6,500 册　　定价：**18.00 元**
ISBN 978-7-112-09746-3
(16410)

版权所有　翻印必究
如有印装质量问题，可寄本社退换
（邮政编码 100037）

本书以主要的混凝土结构加固方法为框架，全面介绍了各种加固方法所需的特色材料及性能、施工方法与技术要点、施工质量检测与检验标准等内容。全书共有 19 章，分别是：加固施工的基本要求、粘贴钢板加固、粘贴纤维复合材加固、植筋技术、锚栓锚固技术、增大截面加固、外包钢加固、置换混凝土加固、体外预应力加固、绕丝加固和喷射混凝土加固、裂缝修补、构件缺损修复、钢筋防锈技术、材料性能检测方法、粘结能力检测方法、现场施工质量检测、施工中的污染和防护、加固工程投标标书章节样本、施工验收表格等。全书内容精要，形式简明，图文并茂，尤其对关键技术要点诠释清楚，便于学习掌握。

本书既可供工程加固设计人员、施工技术人员、施工管理人员、监理工程师及质量监督人员学习参考，也可作为讲授加固技术的培训教材。

* * *

责任编辑：范业庶
责任设计：董建平
责任校对：王雪竹　王金珠

前　言

　　混凝土结构作为一种主要的建筑结构形式，越来越广泛地应用于各种建筑物中。而由于施工质量不满足设计和规范要求以及建筑使用功能的改变等原因，需要对原有混凝土结构进行加固、改造、维护的工作也相伴而来。工程现状、经济效益、技术进步等多种因素催生了建筑结构加固改造技术的迅速发展。尤其是近几年来，新材料、新成果、新技术在加固领域的应用，加固的方法和手段也越来越多样化，使很多人对这一领域使用的材料和加固的方法感到陌生，而这种情况已影响到了加固施工的质量和效果。本书主要是针对目前介绍混凝土结构加固施工方法的资料较少、欠全面、不系统的现状而编写的。为便于读者学习和尽快掌握相应的加固知识，书中没有过多的理论推导和设计计算公式，而是采用以文字为主、图示为辅，即图文结合表述来展示相关的方法和技术，希望有更多的人能学习、理解并掌握应用。

　　本书第1章介绍了加固施工的特点、基本要求、施工中的共性规定以及目前施工队伍的现状和工程质量验收；第1~10章分别介绍了目前常用的加固方法的特点、使用要求、材料标准、施工工序和施工质量检验；第11~13章为混凝土结构构件常见的损伤、裂缝和钢筋锈蚀的修复、维护方法；第14~16章为一些新型加固材料的性能、粘结能力和施工质量检测标准的简介；第17章从环保和人体健康的角度介绍施工中的污染和防护知识；第18章给出了一个工程投标书章节样本，以供参考；第19章为工程加固常用施工验收表格。此外，书中还插入了一些相关专门知识的介绍，以便增强对书中关键技术的理解。

　　本书主要是按以建筑工程为背景的加固条件来编写的，但对于在土木工程其他领域的应用，也有一定的参考价值。作者长期从事建筑结构的理论研究和实践工作,在建筑结构检测、鉴定及加固改造方面积累了较为丰富的经验。本书的编写亦得到了业界同仁及单位同事的帮助,在此表示感谢。

由于时间仓促及作者水平有限,书中难免有不妥当或不成熟之处,欢迎广大读者批评指正。读者可登陆"建筑加固在线"(http://www.bemrc.com)与我们进行互动交流,与我们共同努力,一起推动我国加固事业的发展和加固技术的进步。

目 录

1 加固施工的基本要求 ·· 1
  1.1 施工准备 ·· 1
  1.2 加固、维护材料 ·· 3
  1.3 施工组织及人员 ·· 6
  1.4 工程质量验收 ··· 6

2 粘贴钢板加固 ·· 9
  2.1 粘贴钢板加固的特点 ······································· 9
  2.2 胶粘剂、粘钢胶 ·· 11
  2.3 施工方法 ·· 16
  2.4 施工质量检验 ··· 20

3 粘贴纤维复合材加固 ··· 22
  3.1 粘贴纤维复合材加固的特点 ······························· 22
  3.2 纤维片材、纤维胶粘剂 ····································· 25
  3.3 施工方法 ·· 31
  3.4 施工质量检验 ··· 33
  3.5 纤维复合材料的修补 ······································· 35

4 植筋技术 ·· 37
  4.1 基本概念 ·· 37
  4.2 植筋材料 ·· 39
  4.3 施工方法 ·· 41
  4.4 施工质量检验 ··· 43

5 锚栓锚固技术 ·· 46
  5.1 基本概念 ·· 46
  5.2 锚栓 ·· 49
  5.3 施工方法 ·· 50

5.4 施工质量检验 ································· 52
6 增大截面加固 ······································ 55
  6.1 增大截面加固的特点 ······················ 55
  6.2 粘结面处理方法 ····························· 56
  6.3 施工方法 ······································ 61
  6.4 施工质量检验 ································· 64
7 外包钢加固 ··· 68
  7.1 外包钢加固的特点 ·························· 68
  7.2 型钢、焊接材料、防腐材料 ·············· 71
  7.3 施工方法 ······································ 71
  7.4 施工质量检验 ································· 73
8 置换混凝土加固 ··································· 75
  8.1 置换混凝土加固的特点 ···················· 75
  8.2 卸载的实时控制 ····························· 76
  8.3 施工方法 ······································ 78
  8.4 施工质量检验 ································· 80
9 体外预应力加固 ··································· 81
  9.1 体外预应力加固的特点 ···················· 81
  9.2 锚具、预应力筋 ····························· 83
  9.3 施工方法 ······································ 83
  9.4 施工质量检验 ································· 87
10 绕丝加固和喷射混凝土加固 ·················· 88
  10.1 绕丝加固的特点 ··························· 88
  10.2 混凝土外加剂 ······························ 90
  10.3 施工方法 ···································· 92
  10.4 施工质量检验 ······························ 95
11 裂缝修补 ·· 96
  11.1 裂缝修补的概念 ··························· 96
  11.2 灌注材料 ···································· 99
  11.3 表面封闭法施工 ··························· 101

- 11.4 填充密封法施工 …… 102
- 11.5 注浆施工 …… 103
- 11.6 施工质量检验 …… 105

12 构件缺损和损伤修复 …… 107
- 12.1 构件的缺损和损伤检查 …… 107
- 12.2 修补材料 …… 109
- 12.3 混凝土表面缺损修整 …… 110
- 12.4 修补的施工方法 …… 111
- 12.5 施工质量检验 …… 114

13 钢筋防锈技术 …… 115
- 13.1 防护方法 …… 115
- 13.2 阻锈材料 …… 118
- 13.3 表面防护施工 …… 120
- 13.4 掺入型阻锈剂施工 …… 121
- 13.5 施工质量检验 …… 122

14 材料性能检测方法 …… 124
- 14.1 结构用胶粘剂湿热老化性能测定方法 …… 124
- 14.2 富填料胶体、聚合物砂浆体劈裂抗拉强度测定方法 …… 125
- 14.3 高强聚合物砂浆体抗折强度的测定方法 …… 127
- 14.4 混凝土强度和加固材料性能的标准值 …… 128

15 粘结能力检测方法 …… 130
- 15.1 锚固用胶粘剂拉伸抗剪强度测定方法（钢套筒法） …… 130
- 15.2 胶粘剂粘合加固材与基材的正拉粘结强度试验室测定方法及评定标准 …… 131
- 15.3 约束拉拔条件下胶粘剂粘结钢筋与基材混凝土的粘结强度测定方法 …… 135
- 15.4 定向纤维增强塑料拉伸性能试验方法 …… 137
- 15.5 单向纤维增强塑料弯曲性能试验方法 …… 140

15.6 纤维复合材层间剪切强度测定方法 …………… 142
16 现场施工质量检测 ……………………………………… 147
  16.1 锚固承载力现场检验方法及评定标准 ………… 147
  16.2 胶粘剂粘合加固材与基材的正拉粘结强度现场
      测定方法及评定标准 …………………………… 152
  16.3 旋转黏度计法测定的胶粘剂黏度 ……………… 158
  16.4 喷射混凝土强度的评定 ………………………… 160
  16.5 阻锈剂使用效果检测与评定 …………………… 162
17 施工中的污染和防护 …………………………………… 164
  17.1 施工污染的危害 ………………………………… 164
  17.2 施工防护 ………………………………………… 170
18 加固工程投标标书章节样本 …………………………… 172
19 施工验收表格 …………………………………………… 176
  19.1 检验批质量验收记录 …………………………… 176
  19.2 分项工程质量验收记录 ………………………… 177
  19.3 分部(子分部)工程质量验收记录 ……………… 178
参考文献 …………………………………………………… 179

1 加固施工的基本要求

1.1 施工准备

1.1.1 建筑物需要进行加固和维护是因为结构功能或使用条件的改变，构件承载力不满足使用要求，结构损伤严重或需要提高耐久性等级。由于针对的是已建工程，其施工环境特点与新建工程是不相同的。这种工程的结构或构件已经存在或正在使用，施工时受周边客观条件约束的情况很严重，这主要表现在：施工现场经常因生产设备、管道和原有结构、构件的限制，空间狭窄、拥挤，甚至无法施工作业；业主单位要求，在施工时不影响被加固建筑物内的正常生产或生活，这更增加了施工的难度；施工前结构或构件本身就存在隐患，施工中对构件的修整更增大了破坏的风险。因此，在加固和维护工程施工前，施工单位应对现场进行细致的踏勘，认真熟悉设计图纸以及检测鉴定报告；根据加固部位的环境情况，结合自身的技术力量，编制出切合实际情况的施工组织设计或施工技术方案；对不理解、无法实施的问题通过技术交底加以解决；对于危险部位的施工，还应制定出现问题后的应急处理方案，这些过程是保证施工得以顺利进行和施工质量的前提条件。

1.1.2 根据加固施工现场的特点，加固工程施工前应进行的准备工作包括：

1 拆迁原结构上及周边影响施工的管道、线路以及其他障碍物。

2 根据设计和施工组织计划安排，卸除原结构上的荷载。

3 搭设便于施工操作、安全可靠的工作平台和安全支撑。

4 若混凝土表面处于潮湿或渗水状态，除特殊情况外，应进行疏水、止水处理。

卸载是保证施工安全的一项重要措施，卸载也是保证混凝土构件加固后，原有结构与新加结构共同工作，减少应力滞后的重要手段，因此，施工时应特别重视这项工作。卸载的技巧性很强，卸载包括减轻构件的上部荷载、支顶、调整荷载位置或改变原有荷载的传力路径等方法。卸载措施应保证安全、可靠、简便易行，不影响施工操作；对于重要构件的拆卸，为了保证安全，还应采取监控措施。

采用支顶措施卸载时，条件允许时最好与工作平台的搭建和安全支撑的设置共同考虑，这不仅可以节约材料，也为施工操作提供了尽可能大的空间。

1.1.3 被加固的混凝土构件，首先应清除表面的尘土、浮浆、污垢、油渍和原有饰面层。若构件表面已风化、剥落、腐蚀、严重裂损，尚应剔除至露出混凝土骨料新面；对外露钢筋的锈蚀层以及其周边粘结失效的混凝土应清除，并打磨钢筋至其表面露出金属光泽后，再进行封闭处理。对钢筋的处理是为了保证加固后钢筋与混凝土的共同工作，不至于在加固后钢筋继续锈蚀，影响结构的耐久性。封闭处理，可根据工程实际情况，采用阻锈剂、胶粘剂、水泥浆、细石混凝土等。无论结构构件进行加固或维护，首先应进行上述清洁和修补工作，然后才能进行下一道工序，施工方法见第12章。

1.1.4 加固和维护施工经常是在荷载存在的情况下进行的，这时是结构或构件受力最不利或是最危险的时候，这是与新建工程又一不同之处。因此更应强调保证施工人员的安全和施工结构的安全。尤其拆换受力构件，支撑点变位，在建筑结构上施加新的施工荷载时，都可能使结构受力发生变化，因此安全措施应在施工的全过程中加以考虑：

1 加固施工前，各级施工人员应熟悉周边情况，了解加固构件的受力和传力路径，对结构构件的变形、裂缝情况进行检查。若与设计不符或有质疑应及时报告，切忌存在侥幸心理，盲目、野蛮施工。

2 在加固施工过程中，发现结构、构件的实际状况与检测、鉴定结果不符；出现变形增大、裂缝增多、增大等情况，应及时采取措施，并向相关部门报告。

3 对于危险构件、受荷大的构件进行加固，应有切实可行的监控和安全措施，并应得到相关单位的批准。

施工过程中，随时观察有无异常现象，若有问题应马上停止操作，临时加撑，并会同有关技术人员共同研究解决，避免加固过程又出现新的问题，更要严防加固过程出现垮塌事故。

4 加固工程搭设的安全支护体系和工作平台，使用过程中还应经常进行检查，主要是避免因使用时间过长或因结构受力发生变化，而使安全支护体系作用减弱或失效，造成事故。

5 施工时，对施工人员健康、周边环境有影响的粉尘、噪声、有害气体应采取有效的防护措施。

6 加固材料中易燃或受高温性能失效的材料很多，因此，工作场地应严禁烟火，并必须配备消防器材。

1.2 加固、维护材料

本节提到的加固、维护材料及其操作要求，主要是在加固施工中有共性的、多种加固方法都涉及的内容。至于新型的、特殊的加固材料，为便于介绍相关的常识，以利于掌握应用，放在了相关的章节中。

1.2.1 混凝土原材料

水泥、砂、石、水和钢筋等原材料，在混凝土结构加固和维护的很多地方都要使用，虽然有的加固工程量很小，但其质量和检验要求同样必须满足现行国家标准《混凝土结构工程施工质量验收规范》GB 50204 中的相关规定和相应材料的标准要求。由于各种加固和维护方法有各自的特点，因此材料的使用还应根据具体的施工条件作出调整。如在增大截面法施工中，往往因钢筋较密，石子的粒径应不大于 20mm。

喷射混凝土的原材料还应满足现行《喷射混凝土加固技术规程》CECS 161 中的相关规定。使用的原材料，有地方标准的还应满足现行地方标准的规定。

1.2.2 现场搅拌的加固混凝土中，不得掺入粉煤灰。当采用掺有粉煤灰的商品混凝土时，其粉煤灰应为Ⅰ级灰，且烧失量不应大于3%。主要是由于20世纪80年代工程上所使用的粉煤灰，其质量较差，烧失量过大，致使掺有粉煤灰的混凝土，其收缩率可能难以达到与原构件混凝土相适应的程度，从而影响了结构加固的质量，因此当时作出了禁用的规定。随着商品混凝土和高强混凝土的大量进入建设工程市场，有关单位对结构加固用的混凝土如何掺加粉煤灰作了专题的分析研究，其结论表明：只要使用Ⅰ级灰（参见现行国家标准《用于水泥和混凝土中的粉煤灰》GB 1596），且限制烧失量在1%~3%范围内，便不致对加固后的结构产生不良的影响。但对于现场搅拌的混凝土，由于生产条件不易得到严格控制，仍然不得掺入粉煤灰。

1.2.3 加固和维护材料、产品进场管理应符合下列要求：

1 加固和维护材料、产品的出厂合格证，应有出厂日期、规格、数量、保质期。质量检验报告应能反映出是该批产品的质量指标。认证文件包括政府机构颁发的证书、有资质检测单位的试验报告、专家鉴定意见等。

2 加固和维护材料、产品进场后，为了避免不合格产品使用在工程上，以致造成不必要的损失，应及时按相关的规定进行复验、抽样，送检应经见证，复验不合格的材料、产品不应使用。

3 加固和维护材料、产品应存放在干燥、清洁、远离高温的室内。其中，化学材料及其他易燃易爆物品，还应符合保管的有关规定，在任何时候都应远离火源。避免受潮、紫外线照射或高温影响后，材料挥发、变质，发生燃烧、爆炸等事故。存放的不同规格产品应有明显的标识，避免领取材料时出错，造成事故。如，200g碳纤维布与300g碳纤维布，从外观就很难区分。

4 胶粘剂的外观质量应色泽均匀、无结块、无分层沉淀。禁止使用过期胶粘剂、包装破损或无耐湿热老化性能检验合格证书的胶粘剂。

1.2.4 各种胶粘剂、灌浆材料的配制必须符合下列规定：

1 拌制胶液应选在清洁、无粉尘、无风沙飞扬、不受太阳直照的地方。胶液固化的过程，是一个放热反应，太阳直照会加速胶液的固化，不利于施工操作。在配胶过程中，应无杂质、无水分和无化学介质污染。尤其是拌制胶液的容器、搅拌器等器具应干燥，不应沾有化学介质。每次使用完后，应将各类器具用工业丙酮或酒精擦拭干净。

2 为便于施工时使用，一般配胶量都比较小，配胶材料用感量为5g的台秤称量比较合适。

3 由于每次配胶量都比较小，为保证配胶的准确性，应由专人负责。配比及称量均应经第二人复核，并应有每次配胶的称量记录，以便出现问题时查找原因。

4 应采用低速搅拌机械沿一个方向匀速搅拌胶液，搅拌速度以无气泡发生为度。当每次配胶较少时，也可采用人工拌合。判断胶液拌好的标准是应无结块和色差，否则还应继续搅拌。

5 严禁使用超过规定时间或已开始固化的胶液或灌浆材料。配制好的胶液或灌浆材料一般应在30~45min时间内使用完毕。具体使用时间，随环境温度和胶粘剂品种会有一定变化。因此，在施工时，应采取能用多少就配制多少的原则，以免造成浪费。在使用过程中，还应随时注意胶液或灌浆材料的黏稠变化情况，以确定是否应停止使用。

1.2.5 在加固和维护施工中，除混凝土拌合需要用水外，混凝土构件的清洁、一些材料的拌制、施工工具的洗涤等都需要用水。为了不影响加固维护材料的性能，加固施工过程中使用的水，应符合现行国家标准《混凝土用水标准》JGJ 63 的规定。

若拌制的材料对用水还有其他特殊要求,也应满足。

1.3 施工组织及人员

1.3.1 目前,我国还正处于高速建设时期,加固、维护改造的工程量相对还很小、很分散,大的建筑企业还没有兴趣涉足该领域,因此造就了一些从事加固工程施工的小"公司",且多为仅能承担化学植筋、粘钢板、粘碳纤维、钻孔等看似简单工种的公司。这类公司很少具有专业技术人员,也没有固定的技术工人,这对保证加固施工的质量造成了很大困难。更重要的是,这些公司多数极不稳定,存在时间很短,如果他们施工的工程有隐患,真正出了质量事故很难找到他们的踪影。为规范建筑加固市场,维护业主权益,具有加固施工资质的单位才能施工,这是最基本的要求。虽然,这种资质证书,目前虽是易取得,但还是一种控制手段。

1.3.2 目前很多加固施工人员甚至不知道基本的专业加固和维护知识,致使施工质量难于得到有效保证。公司小、工程小,也增加了施工人员的流动性。因此,必须通过专业培训,获取相应的岗位资格证书,才能上岗施工,这种手段,不但有利于提高工人的素质,也有利于人员的相对稳定。

1.3.3 在加固和维护工程施工中,业主和监理单位应要求加固施工单位有健全的组织机构、人员应固定,这是保证施工质量的一项重要措施。

1.4 工程质量验收

1.4.1 混凝土结构构件加固和维护的施工质量,应按相应加固方法的施工验收检验要求进行评定。

混凝土结构或构件加固完成后,其承载力、刚度或抗裂等结构性能是否满足要求,即加固是否达到预期效果,可通过对结构构件的实荷检验进行评定。检验的加载与测试方法,应根据设计要求以及《建筑结构检测技术标准》GB/T 50344—2004 的要求确定。

1.4.2 从施工过程把关和质量验收角度看，由于应用于该领域的一些新技术、新产品没有来得及制定出专门的技术标准和验收规范，建设单位、监理单位和质检人员对所用加固和维护方法的关键技术理解和掌握水平参差不齐，在某种程度上使得施工质量的认定存在较大差异。因此，要求施工单位在加固施工中进行全过程质量控制，对施工现场管理有相应的施工技术标准、健全的质量管理体系、施工质量控制和质量检验制度。使建设单位、监理单位和施工单位人员有章可循，避免目前加固施工过程中，一些工序没有人员监督、控制的情况，而在竣工验收时，又无法对施工质量进行正确评定的局面。混凝土结构加固的施工项目，施工单位应根据设计和相关标准、规范、规程要求，结合工程环境和实际情况，制定出切实可行的、完整的施工组织设计和施工技术方案。对涉及结构安全和人身安全的内容，应有明确的规定和相应的措施。施工单位应按有关的施工技术标准和经审批的施工组织设计或施工技术方案施工，并有完整的检查记录；每道工序完成，应按规定进行检查验收，合格后方可进行下道工序的施工，这无疑是保证施工质量的一个重要措施。施工验收表格可参见第17章。

1.4.3 按《建筑工程施工质量验收统一标准》GB 50300—2001规定的分部、子分部和分项工程划分原则，作为 GB 50300—2001附录B的补充，将结构加固划分为地基与基础分部或主体结构分部的一个子分部，与混凝土基础、桩基础、混凝土结构、钢结构等子分部并列。新建建筑物的质量问题处理、结构变更和既有建筑物的结构维护、改造等涉及的工程内容，划分为一个单独的结构加固子分部工程进行质量验收，其他工程内容仍按GB 50300—2001附录B进行分部、子分部和分项工程划分和质量验收。分项工程的划分，是根据加固中采用的主要材料、施工工艺不同特点划分的，具体参见表1.4.3。

混凝土结构加固子分部工程分项工程划分　　表 1.4.3

分部工程	子分部工程	分项工程
地基与基础	(混凝土)结构加固	植筋、锚栓、混凝土构件增大截面、外包钢、粘贴钢板、粘贴纤维复合材料、混凝土裂缝修补等
主体结构		

2 粘贴钢板加固

2.1 粘贴钢板加固的特点

2.1.1 基本概念

粘贴钢板法是在混凝土构件表面用建筑结构胶粘贴钢板,以提高构件承载力的一种加固方法。

该方法适用于对钢筋混凝土构件受弯、斜截面受剪、受压和受拉构件的加固。不适用于素混凝土构件,包括纵向受力钢筋配筋率低于现行国家标准《混凝土结构设计规范》GB 50010 规定的最小配筋率的构件加固。

粘钢加固法施工简便、快速,增加原结构的重量较小,基本不影响结构外形。但打磨混凝土表面时,粉尘和噪声较大,为提高其耐久性,粘贴完工后,需在表面进行防锈处理。

2.1.2 加固方式及作用

1 构件加固形式

粘钢法加固形式见图 2.1.2-1、图 2.1.2-2。

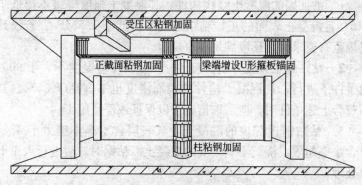

图 2.1.2-1 粘钢法加固形式示意图

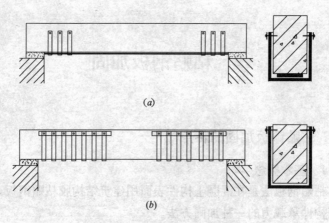

图 2.1.2-2 粘钢法加固构造
(a)正截面粘钢加固；(b)斜截面粘钢加固

2 作用原理

通过结构胶高性能的粘结强度将钢板牢固地粘贴在混凝土构件表面，使其成为整体共同受力，两者的变形协调是利用结构胶的剪力传递。由于钢板粘结的边缘不均匀扯离强度与剥离强度低，容易造成钢板与混凝土构件粘结的纵向端头首先发生剥离破坏，从而导致钢板粘结失效。为避免这种情况的发生，端头增设锚栓或"U"形箍板或压条是必要的构造措施(见图 2.1.2-2)。

2.1.3 基本要求

1 被加固的混凝土结构构件，其混凝土强度等级不得低于 C15，且混凝土表面的正拉粘结强度不得低于 1.5MPa。若设计或规范有要求时，还应满足相应规定。

2 粘贴施工宜在环境温度 5～35℃、环境湿度不大于 90%的条件下进行，且混凝土构件的表面温度也不宜高于 35℃。当不符合上述条件时，应采取措施予以保证或停止施工。

3 粘贴钢板部位的混凝土，其表层含水率不应大于 4%。对含水率超限或浇筑不满 90d 的混凝土需粘钢时，应进行人工干燥处理。

4 粘贴钢板的厚度不应大于 5mm。

5 长期使用的环境温度不应高于60℃；处于特殊环境（如高温、高湿、介质侵蚀、放射等）的混凝土结构采用该方法加固时，除应按现行国家有关标准的规定采取相应的防护措施外，尚应采用耐环境因素作用的胶粘剂，并按专门的工艺要求进行粘贴。

2.2 胶粘剂、粘钢胶

2.2.1 胶粘剂的组成及作用

结构构件的主要连接方法有：锚接、焊接和粘结。粘结主要是通过胶粘剂来实现。建筑胶粘剂按其性能和用途不同分为很多种类，建筑结构胶粘剂是其中的一种。建筑结构胶粘剂必须具有足够的粘结强度，不仅要求它有足够的剪切强度，而且要求它有较高的不均匀扯离强度，能使粘结接头在长时间内承受振动、疲劳和冲击等各项荷载，同时要求这种胶粘剂必须具有一定的耐热性和耐候性，使粘结接头在较为苛刻的条件下能正常进行工作。胶粘剂的主要成分组成和作用如下：

1 基料：结构胶粘剂是采用热固性树脂为主要粘料，它既可以是纯环氧树脂，亦可以是环氧树脂和橡胶及其他改性混合物质。它在交联后成为坚实的体型结构，使胶粘剂具有极强的粘附特性和良好的机械特性。

2 固化剂（也称硬化剂）：它可以使线形环氧树脂高分子通过化学反应，形成网状结构或体形结构，从而使胶粘剂固化，见图2.2.1-1。固化剂的种类繁多，要按不同树脂的固化

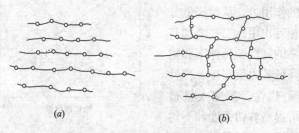

图2.2.1-1 结构胶粘剂固化前后结构的变化
(a)线形结构示意图；(b)体形结构示意图

反应情况和对胶粘剂性能的要求，以及工艺性能等条件进行配置与选择。

固化剂应该具有下面的一些性能：

1) 固化剂最好是液体，并且无毒、无味、无色；

2) 固化剂与被固化物反应要平稳、放热少，以减少胶层的内应力；

3) 需要提高耐热性时，应选用分子中具有反应基团较多的固化剂；

4) 需要提高韧性时，应选用分子链较长的固化剂。

混凝土承重结构加固用的胶粘剂中，严禁使用乙二胺作改性环氧树脂固化剂。环氧树脂结构胶中，毒性较大的是胺类固化剂，尤其是乙二胺对呼吸系统、血液系统、神经系统和皮肤等都有较严重的刺激和毒害。乙二胺作固化剂的胶脆性大，因此早就被很多国家严禁在结构胶中使用。但由于它能使环氧树脂的短期强度提高，且价格低廉，因而在我国仍被少数不法厂家用以谋取高利润，致使结构加固工程埋下了安全隐患。因此，在现行国家标准《混凝土结构加固设计规范》GB 50367 中，作为强制性条款严禁使用的规定，以便于追查并追究责任。

3 增塑剂与增韧剂：一般环氧树脂高分子物固化后性能较脆，加入增塑剂的作用主要有：一是"屏散"体系中的高分子化合物的极性基团，减弱分子间的作用力，从而降低分子间的相互作用；二是增加高分子体系的韧性、延伸率和耐寒性，降低其内聚强度、弹性模量及耐热性。如加入量适宜，还可提高剪切强度和不均匀扯离强度，若加量过多，反而有害，见图 2.2.1-2。选择

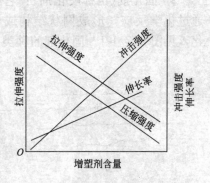

图 2.2.1-2 增塑剂环氧树脂对胶粘剂性能的影响

增塑剂时应考虑它的极性、持久性、相对分子质量和状态。

4 填料：加入填料，可相对减少树脂的用量，降低成本；降低固化收缩率；降低线膨胀系数等。加入得当还可以改善冲击韧性、胶结强度、耐热性等。有时为使胶粘剂具有指定性能，如导电、耐温及施工性等，亦要加入特定填料。填料的种类很多，要视具体要求进行选择，并要考虑到填料的粒度、形状和填加量等因素。

5 溶剂：胶粘剂有溶剂型和无溶剂型之分，加入溶剂是用以溶解基料，降低胶粘剂的黏度，便于施工。溶剂也能增加胶粘剂的润湿能力和分子活动能力，从而提高粘结力。此外，溶剂还可提高胶粘剂的流平性，避免胶层厚薄不均。所选择溶剂的挥发速度不可太快或太慢，多数用混合溶液。溶剂的性质、用量与胶结工艺条件密切相关。

另外，在胶粘剂中严禁掺加挥发性有害溶剂和非反应性稀释剂。掺加此类材料是目前市场上制造劣质胶的手段之一，对人体健康、环境卫生和胶粘剂的安全性与耐久性等都有不良的影响。因此，也必须严格禁止。

6 其他辅料：为满足胶粘剂的性能要求，还需要加入一些其他组分：如稀释剂、偶联剂、防老剂、颜色及香料等。

2.2.2 结构胶粘剂的老化试验

1 检验的必要性：对承重结构加固用的胶粘剂，其耐老化性能极为重要，一是因为建筑物对胶粘剂的使用年限要求长达30年以上；二是湿热老化检验法，对检出不良固化剂的能力很强，而固化剂的性能在很大程度上决定着胶粘剂长期使用的可靠性。

2 试验方法的选取：胶粘剂在紫外光作用下虽能起化学反应，使聚合物中的大分子链破坏；但对大多数胶粘剂而言，由于受到被粘物屏蔽保护，光老化并非其老化的主要原因，因此，很难判明其老化性能。至今，只有在湿热的综合作用下才能检验其胶的老化性能。因为湿气总能侵入胶层，而在一定温度促进下，还会加快其渗入胶层的速度，使之更迅速地起到破坏胶层易水解化学键的作用，使胶粘剂分子链更易降解；其二，水分子渗入胶粘剂与被粘物的界面，会促使其分离；其三，水分还起着物理增塑作用，降低了胶层抗剪和抗拉性能；其四，热的作用还可使键能小的高聚合物发生裂解和分解；等等。这些由于湿气的作用使得胶粘剂性能降低或变坏的过程，即使在自然环境中也会随着时间的推移而逐渐地发生，并形成积累性损伤，只是老化时间和过程较长而已。因此，显然可以利用胶粘剂对湿热老化作用的敏感性设计成一种快速而有效的检验方法。

3 检验要求：混凝土承重结构加固用的胶粘剂，其钢-钢粘结抗剪性能必须经湿热老化检验合格。湿热老化检验应在50℃温度和98%相对湿度的环境条件下按《混凝土结构加固设计规范》GB 50367—2006附录L结构用胶粘剂湿热老化性能测定方法（可参见本书第14.1节）进行。老化时间：对重要构件不得少于90d；对一般构件不得少于60d。经湿热老化后的试件，应在常温条件下进行钢-钢拉伸抗剪试验，其强度降低的百分率应符合下列要求：

对A级胶不得大于10%；
对B级胶不得大于15%。

4 需要强调的是：承重结构用的胶粘剂，其耐老化性能极为重要，坚持进行见证抽样的湿热老化检验，不得以其他人工老化试验替代这项试验，是防止劣质胶进入施工现场的重要措施。

2.2.3 粘钢胶粘剂的安全性检验指标应符合表2.2.3的规定。进场时，应对其钢-钢粘结强度和钢-混凝土粘结正拉强度进行复验，其性能应符合表2.2.3的规定。

2.2.4 为便于使用时查找，胶粘剂胶体性能试验方法标准和在本书中出现的位置列于表2.2.4中。

粘钢及外粘型钢用胶粘剂安全性检验合格指标　　表 2.2.3

<table>
<tr><th colspan="2" rowspan="2">性 能 项 目</th><th colspan="2">性 能 要 求</th><th rowspan="2">试验方法标准</th></tr>
<tr><th>A级胶</th><th>B级胶</th></tr>
<tr><td rowspan="5">胶体性能</td><td>抗拉强度(MPa)</td><td>≥30</td><td>≥25</td><td rowspan="2">GB/T 2568</td></tr>
<tr><td>受拉弹性模量(MPa)</td><td>≥4000</td><td>≥3000</td></tr>
<tr><td>伸长率(%)</td><td colspan="2">≥1.3</td></tr>
<tr><td>抗弯强度(MPa)</td><td>≥45</td><td>≥35</td><td rowspan="2">GB/T 2570</td></tr>
<tr><td></td><td colspan="2">且不得呈脆性(碎裂状)破坏</td></tr>
<tr><td rowspan="4">粘结能力</td><td>抗压强度(MPa)</td><td colspan="2">≥65</td><td>GB/T 2569</td></tr>
<tr><td>钢-钢拉伸抗剪强度标准值(MPa)</td><td>≥15</td><td>≥12</td><td>GB/T 7124</td></tr>
<tr><td>钢-钢不均匀扯离强度(kN/m)</td><td>≥16</td><td>≥12</td><td>GJB 94</td></tr>
<tr><td>钢-钢粘结抗拉强度(MPa)</td><td>≥33</td><td>≥25</td><td>GB/T 6329</td></tr>
<tr><td colspan="2">与混凝土粘结正拉强度(MPa)</td><td colspan="2">≥max {2.5, ≥f_{tk}},
且为混凝土内聚破坏</td><td>第 15.2 节</td></tr>
<tr><td colspan="2">不挥发物含量(固体含量)(%)</td><td colspan="2">≥99</td><td>GB/T 2793</td></tr>
</table>

注：表中各项性能指标，除标有强度标准值外，均为平均值；强度标准值按第 14.6 节计算；f_{tk} 为原构件混凝土抗拉强度标准值，见第 14.4.1 条。

胶粘剂胶体性能试验方法标准　　表 2.2.4

标准名称	标准编号	替代标准编号	本书中出现位置
树脂浇铸体性能试验方法总则	GB/T 2567—1995	GB 2567—81	
树脂浇铸体拉伸性能试验方法	GB/T 2568—1995	GB 2568—81	第 2.2.3、11.2.1 条
树脂浇铸体压缩性能试验方法	GB/T 2569—1995	GB 2569—81	第 2.2.3、4.2.2、11.2.1、11.2.3 条
树脂浇铸体弯曲性能试验方法	GB/T 2570—1995	GB 2570—81	第 2.2.3、4.2.2、11.2.1 条
胶粘剂不挥发物含量的测定	GB/T 2793—1995		第 2.2.3、4.2.2 条
胶粘剂黏度的测定	GB/T 2794—1995		第 16.3 节
胶粘剂对接接头拉伸强度的测定	GB/T 6329—1996	GB 6329—86	第 2.2.3 条

续表

标准名称	标准编号	替代标准编号	本书中出现位置
胶粘剂不均匀扯离强度试验方法(金属对金属)	GB 50094—98	GBJ 94—86	第2.2.3条
胶粘剂拉伸剪切强度测定方法(金属对金属)	GB/T 7124—1986		第11.2.1条
环氧树脂黏度测定方法	GB/T 12007.4—1989		第11.2.1条
硅酮建筑密封胶	GB 14683—2003		第11.2.1条
胶粘剂适用期的测定	GB/T 7123.1—2002		

2.3 施工方法

2.3.1 施工工艺流程(见图2.3.1)

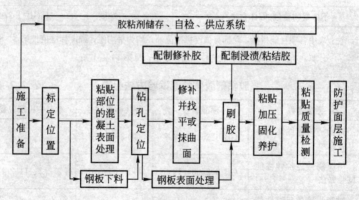

图 2.3.1 粘贴钢板施工工艺流程框图

2.3.2 粘贴定位及钻孔

1 构件表面清理、修整后，应按设计图纸进行划线确定钢板粘贴位置和锚栓位置，锚栓位置处尚应探测钢筋对锚孔有无影响，若锚孔位置有大的变化，应经设计单位同意后进行调整。

2 钢板钻孔位置与混凝土构件上钻孔位置应一致，钻孔不应伤及原钢筋，允许偏差应符合设计要求，且应进行试装配。锚栓的安装按本书第5.3节的要求施工。
2.3.3 界面处理
1 混凝土粘合面修补：粘合面上的蜂窝、孔洞、凹陷应用结构胶粘剂掺水泥或石英砂配制的胶泥进行修补，修补按第12章的方法进行；修补后表面平整度偏差不应大于1.5mm/m。对于粘合面上大的缺陷，施工单位应制定专门的修复措施，经过设计单位核定后实施。

2 混凝土粘合面糙化：混凝土粘合面糙化能提高粘结强度，不同的粗糙度对粘结的影响，取决于胶粘剂的性质。如果胶粘剂的稠度比较大，内聚力比较大，采用粗糙度比较大的粘结面，容易获得较大的粘结强度；如果胶粘剂的稠度比较小，采用粗糙度比较小的粘结面，容易获得较大的粘结强度。混凝土粘合面的糙化一般采用砂轮打磨或喷砂处理，角部应打磨成圆弧状，糙化或打磨的纹路应均匀，且应尽量垂直于受力方向。

3 钢板粘合面上胶前，应进行除锈、糙化和展平。打磨后的表面应显露出金属光泽；糙化的纹路应尽量垂直于钢板受力方向；展平后的钢板与混凝土表面应平整服贴，且轮廓尺寸与划线基本吻合。

4 杂质、粉尘的清洁：混凝土和钢板粘合面经上述方法处理后，打磨混凝土构件和金属构件表面产生的杂质、粉尘，极易粘附在处理后的构件表面，若清洗不干净，直接影响粘结的质量。因此，应在打磨工序已经完成，尘埃基本落定之后，分别用白布或棉纱沾工业丙酮擦拭干净。然后，应立即进行下道工序施工，不应长时间放置，以免粘贴面上再粘上水渍、油渍和粉尘。

2.3.4 刷胶
1 刷胶就是用专用刷子或滚筒将胶液涂布到被粘物表面上。涂布时最好顺一个方向，不要往复，速度要慢，以防带进气泡，尽可能均匀一致，中间稍多点，边缘可少些。

涂胶量和涂胶遍数是影响粘结强度很重要的因素。一般剪切强度随胶层厚度减小而提高；而剥离强度则相反。涂胶遍数与胶粘剂的性质和胶层厚度有关，如无溶剂的环氧胶只涂一遍即可，而多数的溶液胶粘剂都要涂胶1～3遍。对于混凝土构件这种多孔材料的被粘物，要适当地增加涂胶量和涂胶遍数。

2 配有底胶的胶粘剂，混凝土基材表面，首先应涂刷底胶。底胶应涂刷均匀饱满，涂刷范围应超出粘贴范围四周20～30mm。

3 拌合好的胶粘剂应依次反复刮压在钢板和混凝土粘合面上，胶层厚度1～3mm。俯贴时，胶层宜中间厚、边缘薄；竖贴时，胶层宜上厚下薄；仰贴时，胶液的下垂度不应大于3mm。经检查胶粘剂无漏抹后即可将钢板与混凝土粘贴。

2.3.5 涂胶后晾置

涂胶后到粘合前的时间段称为晾置。无溶剂液体胶粘剂在涂胶后，可立即进行胶合，但最好在室温下稍加晾置，有利于排出空气，流匀胶层，初步反应，增加黏性。含溶剂的胶粘剂必须晾置以挥发溶剂，否则固化后的胶层结构较松散，会有气孔，使粘结强度下降。

在钢板和混凝土构件表面涂刷胶粘剂，以及搬运粘合前的整个过程，一般时间比较长，实际已有晾置的作用。但在施工中应注意这一过程的时间掌握，不要使胶出现初固化才粘合，从而影响粘贴质量。

2.3.6 钢板粘合

固化时加压对所有胶粘剂都要益处。因为加压有利于胶粘剂的扩散渗透及与被粘物的紧密接触；有助于排除气体、水分等低分子物，防止产生空洞和气孔；有益于胶层的均匀和被粘物位置的固定。加压大小一般以0.2～0.5MPa为宜。加压大小须适当，并应均匀，小则不起作用，大则会挤出太多的胶粘剂，造成缺胶，降低粘结强度。粘合加压应注意以下几点：

1 钢板粘贴应均匀加压，顺序由钢板的一端向另一端加压，或由钢板中间向两端加压，不得由钢板两端向中间加压，以利于空气的顺利排除。

2 钢板粘合后可用木锤敲打，压平排除空气使之紧密接触，保证钢板粘贴表面平整，高低转角过渡平滑，没有折角。

3 在粘贴的钢板表面上固定加压时，不应采用点加压或线加压的方法，应在粘贴的钢板面上均匀加压，以增加接触，调匀胶层。钢板周边有少量胶液挤出，是调整胶层、相互紧密接触的措施。

4 加压时最好是逐步增压，开始时因胶粘剂黏度较低，压力可小些，然后再逐渐升到规定压力。

2.3.7 固化养护

在固化过程中，温度、压力、时间是固化工艺的三个重要参数，其中温度是最重要的一个参数。每一种胶粘剂都有一特定的固化温度，而温度和时间又有依赖关系，固化温度高，需要时间短，反之亦然。但要注意，若低于固化温度，时间再长，固化过程也无法完成；若高于固化温度太多，虽然时间缩短，却因固化速度太快，胶层硬脆，性能变坏。室温固化的胶粘剂如果条件允许可以加热固化，不仅时间缩短，而且粘结强度提高，尤其是耐高温和耐老化性能会更好。胶粘剂固化养护应注意几点：

1 混凝土与钢板粘结的养护温度不低于15℃时，固化24h后即可卸除夹具或支撑；72h后可进入下一工序。养护温度低于15℃时，应适当延长养护时间。养护温度低于5℃时，应采取人工升温措施。

2 无论采用化学反应或物理作用完成固化，为了固化完全，得到最大的粘结强度，必须保证有足够的固化时间。

3 每一种胶粘剂都有它的最佳固化条件，必须按其规定进行固化，方能获得预期效果。

2.3.8 多层粘贴

当粘贴多层钢板时，首层钢板粘贴按上述工序完成后，以下每层钢板粘贴施工前应划线定位，锚栓钻孔孔位应准确；粘贴施工按本书第2.3.3~2.3.6条的要求进行。

2.4 施工质量检验

2.4.1 施工质量要求

1 钢板粘贴位置应符合设计要求。中心线偏差不应大于5mm；长度偏差不应大于10mm。

2 粘贴钢板的混凝土表面平整度不得超过±2mm/m。

3 胶层应均匀，无过厚、过薄现象；胶层厚度应控制在1~3mm之间。

4 钢板与混凝土之间的总有效粘贴面积不应小于总粘贴面积的95%。

5 粘贴用的钢板及其金属配件的加工和安装，其施工过程控制和施工质量检验，应符合现行国家标准《钢结构工程施工质量验收规范》GB 50205的规定。

2.4.2 在一般情况下，钢板与混凝土粘结面积可采用锤敲击法确定。在以下情况，还应采用撕开钢板直接检查的方法进行检查：

1 施工条件和施工工艺不满足本书的相关规定时。

2 粘贴完成后，未采取有效的防护处理措施，处于高温、高湿等不良条件环境时。

3 对粘贴质量有怀疑时。

2.4.3 粘贴实体检验

在混凝土粘合面处理的同时，应在每一个被加固构件非粘钢部位，至少选择一处适合做粘结强度现场检验的混凝土表面，在见证下进行相同条件的粘合面处理。在粘贴钢板施工同时，以同条件进行加压和养护，以备检验使用。钢板与混凝土间的正拉粘结强度应符合表2.2.3的规定。当不合格时，应返工重做，并重新检查验收。

检查数量：

1 对梁柱类构件，应以同种类、同规格的构件为一检验批，按每一检验批构件总数的10%确定抽样数量，但不得少于3根构件,每根构件应在粘贴施工时,按本书第16.2节的要求预贴不少于3个钢标准块,作为一组试样进行检验。

2 对板、墙类构件,应以同种类、同规格的构件为一检验批,并按实际粘贴的钢板表面积,每200m²(不足200m²,按200m²计)取一组试样,每组试样由3个钢标准块组成,并应在粘贴施工时,按本书第16.2节的要求预先粘贴好钢标准块。

3 粘贴纤维复合材加固

3.1 粘贴纤维复合材加固的特点

3.1.1 基本概念

高强度纤维片材是指由碳纤维、玻璃纤维或芳纶纤维，按一定规则排列组成的纤维织物。补强修复时，在施工现场采用现场手糊工艺，用浸渍树脂将高强度纤维片材粘贴在结构构件表面上，固化后形成具有纤维增强效应的复合材料（或复合材），简称FRP。采用碳纤维的称为CFRP，采用玻璃纤维的称为GFRP，采用芳纶纤维的称为AFRP。

FRP材料最显著的优点是具有高比强度，即轻质高强和良好的耐腐蚀性，适用于对钢筋混凝土受弯、轴心受压、大偏心受压和受拉构件的加固。不适用于素混凝土构件，包括纵向受力钢筋配筋率低于现行国家标准《混凝土结构设计规范》GB 50010规定的最小配筋率的构件加固。

粘贴纤维复合材加固，施工简便、快速，不增加原结构重量和影响结构外形，但打磨混凝土表面时，粉尘和噪声较大。脆性较大，冲击、剪切强度低，耐高温和耐火性能差。

3.1.2 加固方式及原理

1 结构加固方式

粘贴纤维复合材加固的各种形式见图3.1.2-1。

2 粘贴作用原理

粘贴纤维复合材料中的高强度纤维片材，即基体材料主要是承受荷载、限制微裂纹的扩展；胶粘剂，即增强材料主要是固定纤维的位置、承受应力并将应力传递给纤维。混凝土结构表面粘贴纤维复合材料，形成复合体结构，以此提高构件的抗拉能力或

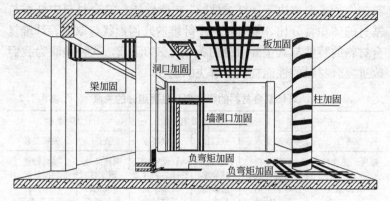

图 3.1.2-1　粘贴纤维复合材加固形式图

约束力，达到加固的目的。

3　纤维复合材料的功能

纤维复合材料是由高强度纤维片材和结构胶粘剂组成，其组分材料虽然彼此作用成为一个整体，但是在交界面处可以将它们物理地区分出来。也就是说，复合材料没有产生化学变化，而是由两个独立的物理相所组成的固体材料。它具有各组分材料的综合性能，图 3.1.2-2 反映了三者间的力学性能关系。同时，复合材料有时甚至具有组分材料所没有的优良性能。纤维增强复合材

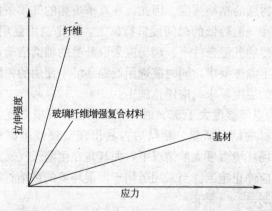

图 3.1.2-2　纤维、基材、复合材料之间力学性能的关系

料的性能主要取决于：纤维性能、树脂性能、复合材料中纤维与基材的体积百分比、复合材料中纤维的几何形状与取向。纤维复合材料的特性与其主要组分的关联见表3.1.2，这种关联为我们改进复合材料的性能提供了解决的途径。

纤维复合材料的特性与其主要组分的关联　　　表3.1.2

力学特性		热、电特性		化学特性	
项目	关联要素	项目	关联要素	项目	关联要素
强度、弹性模量 压缩、剪切 破坏韧性 冲击 疲劳、蠕变 振动衰减	纤维特性 纤维体积含量 纤维取向 基材特性 界面状况 组织和空隙	热膨胀率 热导率 热疲劳 导电率	纤维特性 纤维体积含量 纤维取向 基材特性	耐药品性 耐水性 耐氧化性 耐气候性	基材特性 界面状况 纤维特性 浸渍与覆盖工艺

3.1.3　基本要求

1　被加固的混凝土结构构件，其混凝土强度等级不得低于C15，且混凝土表面的正拉粘结强度不得低于1.5MPa。若设计或规范有要求时，还应满足相应要求。

2　施工环境温度应符合胶粘剂产品使用说明书的规定。若未作规定，宜在不低于5℃和不高于35℃条件下进行。温度过高，固化时间短，影响树脂对纤维的浸润；温度过低，固化时间长，影响树脂的粘结强度。因此，在夏季炎热的气候条件下，应尽量选择在气温较低的时间段进行施工，或是选用夏用型树脂；在冬季较冷的气温条件下，现场应采取升温的辅助措施，以达到规定的施工温度要求，同时应选用低温环境中使用的树脂。若达不到规定的温度要求，应停止施工。

3　当空气湿度大于90%时应采取措施。环境湿度大，会影响纤维片材的粘贴质量，粘贴后容易出现空鼓或剥离现象。因此，在现场环境湿度大的情况下，尤其是在雨雪天气又露天作业的时候，应停止施工。当采用适用于潮湿环境的粘结材料时，可不受此限制。

4　粘贴纤维片材部位的混凝土，其表层含水率不应大于

4%。对含水率超限的混凝土和浇筑不满90d的混凝土应进行人工干燥处理。

5 碳纤维是电的良导体，而有机胶粘剂属易燃物质，因此施工过程中应特别注意防火及电源、电器的使用安全。

6 粘贴在混凝土构件表面上的纤维复合材料，不得直接暴露于阳光下，以免紫外线长期照射和高温影响其耐久性。为防止使用过程中的污染和损伤，表面应进行防护处理。

7 由于碳纤维是电的良导体，因此，应注意碳纤维增强塑料在使用时的电化腐蚀问题。当采用钢条或锚栓固定碳纤维增强塑料时，碳纤维是阳极，更应注意防护处理，以免影响耐久性。

3.2 纤维片材、纤维胶粘剂

3.2.1 碳纤维

碳纤维是把有机纤维（如：聚丙烯腈、人造纤维、特制沥青、苯酚树脂等）原料在不活泼气体中经过氧化、碳化、石墨化等措施制得。在2000℃以下以碳化制得碳纤维。加热至3000℃石墨化制得石墨纤维。两者统称为碳纤维。加固使用的碳纤维布，有以下4种织造方式：

1 碳纤维布机编织物

它是指经向排列的碳纤维束丝与纬向排列的合成纤维交织形成的碳纤维织物，也称为纬编型（见图3.2.1-1）。编织物具有以下特点：

图3.2.1-1 碳纤维布机编织物

1）碳纤维不受固定作用纬纱干涉，不产生凹凸弯曲，能充分发挥碳纤维丝束的增强功能；

2）经向碳纤维丝与纬纱之间粘着良好且分散，铺层施工时，碳纤维能伸直排列，且在每束纤维之间存在缝隙，利于浸渍树脂及气泡排出。

2 碳纤维非织造物

又称背网热压型碳纤维布，是指用一定的加工方法使碳纤锥按同一方向平行排列构成具有一定宽度、长度、厚度，并具有一定物理机械性能的柔软的片装纤维布(见图 3.2.1-2)。网格支撑材料的作用是将均匀排列的单向纤维两面用不超过纤维质量10%的含有少量胶粘剂的纱网固定。施工时，由于气泡不易排出，所以对浸渍树脂的要求比较高，最好根据厂家的要求选择其配套或指定的专用浸渍树脂。

图 3.2.1-2 碳纤维非织造织物

3 经纬缝合型碳纤维布

目前在结构加固修复工程中使用的单向编织物，织物被衬聚酯纤维毡，并用聚酯纤维缝合成纤维布(见图 3.2.1-3)。国内生产厂家有北京航天锦达CJ、台湾重亿 CYMX 等。

图 3.2.1-3 经纬缝合型碳纤维布

4 碳纤维预浸料

将纤维丝分理成扁平状纤维丝束，进入树脂槽浸胶(黏度很小的溶液)，使每根单丝表面都涂上一层薄薄的树脂，然后经过碾压、挤压除去多余的树脂胶并缠绕在圆筒上，沿圆筒轴向把它剪开，展在隔离纸上，就得到碳纤维预浸料的薄片(见图 3.2.1-4)。预浸料是碳纤维的重要中间材料，其性质将延伸到复合材料中。预浸料表面通常有一层隔离纸保护膜，其作用是防止预浸料被污染，又可为在其表面划线提供方便。隔离纸的另一个作用是防止单向预浸的横向开裂。生产厂家有日本东邦。

图 3.2.1-4 碳纤维预浸料

3.2.2 玻璃纤维

玻璃纤维是将各类原料在各种窑炉(坩埚)中,高温熔融后,通过拉丝、喷吹、甩丝等方式使熔液成为连续纤维。常见玻璃纤维类型、代号及性能特性见表 3.2.2-1。

常见玻璃纤维类型、代号及性能特性　　表 3.2.2-1

纤维类型	代号	特　性
无碱玻璃纤维	E	碱金属氧化物的含量 0.8%以下,优异的电性能和力学性能
中碱玻璃纤维	C	碱金属氧化物的含量 12%左右,良好的力学性能,耐化学侵蚀
高碱玻璃纤维	A	碱金属氧化物的含量 14%或更高
高强玻璃纤维	S	用硅-铝-镁系统的玻璃拉制成的玻璃纤维,其新生态强度比无碱玻璃纤维高 25%以上,优异的力学性能
耐碱玻璃纤维	AR	耐碱玻璃纤维　用于增强硅酸盐水泥的玻璃纤维。能耐水泥水化时析出的水化物的长期侵蚀

通常碱金属氧化物的含量高时,玻璃易熔易抽丝,产品成本低,这种玻璃纤维的特点是耐海水腐蚀性好,可供一般要求使用。加固要求使用无碱玻璃纤维和高强玻璃纤维。织造玻璃布用的玻璃纤维单丝直径最大不超过 $13\mu m$,一般在 $9\mu m$ 以下,有五种基本织纹:平纹、斜纹、缎纹、螺纹和席纹。

复丝浸胶后的纤维材料,其主要力学性能应符合表 3.2.2-2 的规定。

3.2.3 加固纤维织物的质量要求:

1 纤维布:表面应干净、无皱褶,纤维丝排列均匀、连续,无断丝、结扣等缺陷。缺纬、脱纬现象,每 100m 不得多于 3 处。

纤维材料的主要力学性能 表 3.2.2-2

纤维类别		性能项目	抗拉强度（MPa）	弹性模量（MPa）	伸长率（%）
碳纤维		高强度Ⅰ级	≥4900	≥2.4×10^5	≥2.0
		高强度Ⅱ级	≥4100	≥2.1×10^5	≥1.8
玻璃纤维		S玻璃(高强、无碱性)	≥3500	≥8.0×10^4	≥4.0
		E玻璃(无碱性)	≥2800	≥7.0×10^4	≥3.0

注：本表的分级方法及其性能指标仅适用于结构加固，与其他用途的等级分无关。

2 碳纤维板：纤维连续，排列均匀，无皱褶、断丝、结扣；表面平整、色泽一致、树脂分布均匀，无颗粒、气泡、毛团；层间无裂纹，无异物夹杂；无破损、划痕。

3 禁止使用来源不明的纤维布和碳纤维板，以及未做适配性检验的纤维材料和胶粘剂。

3.2.4 纤维复合材料用胶粘剂的质量要求

1 粘贴纤维和混凝土的胶粘剂按其工艺的不同分为两种类型：一类由配套的底胶、修补胶和浸渍、粘结胶组成；另一类为免底涂，且浸渍、粘结与修补兼用的单一胶粘剂；可根据工程需要任选一种类型，但厂商应出具免底涂胶粘剂量证书，使用单位应留档备查。底胶和修补胶应与浸渍、粘结用胶粘剂相适配，其性能应分别符合表 3.2.4-1 和表 3.2.4-2 的要求。

底胶的主要性能指标 表 3.2.4-1

性能项目	性能要求		试验方法标准
钢-钢拉伸抗剪强度标准值（MPa）	当与A级胶匹配：≥14	当与B级胶匹配：≥10	GB/T 7124
与混凝土的正拉粘结强度（MPa）	≥max $\{2.5, f_{tk}\}$，且为混凝土内聚破坏		本书第15.2节
不挥发物含量（固体含量）(%)	≥99		GB/T 2793
混合后初黏度(23℃)(MPa·s)	≤6000		GB/T 12007.4

修补胶的主要性能指标　　　　　　　　　　表3.2.4-2

性 能 项 目	性 能 要 求	试验方法标准
胶体抗拉强度(MPa)	≥30	GB/T 2568
胶体抗弯强度(MPa)	≥40，且不得呈脆性(碎裂状)破坏	GB/T 2570
与混凝土的正拉粘结强度(MPa)	≥max{2.5, f_{tk}}，且为混凝土内聚破坏	本书第15.2节

2 纤维复合材浸渍/粘结用胶粘剂应采用改性环氧树脂胶，其安全性检验指标必须符合表3.2.4-3的规定。进场时，应对其钢-钢粘结抗剪强度、纤维层间剪切强度及钢-混凝土正拉粘结强度等三项性能进行复验，其安全性检验指标必须符合表3.2.4-3的规定。

纤维复合材浸渍/粘结用胶粘剂安全性检验合格指标　　表3.2.4-3

性能项目		性能要求		试验方法标准
		A级胶	B级胶	
胶体性能	抗拉强度(MPa)	≥40	≥30	GB/T 2568
	受拉弹性模量(MPa)	≥2.5×10³	≥1.5×10³	
	伸缩率(%)	≥1.5		
	弯曲强度(MPa)	≥50	≥40	GB/T 2570
		且不得呈脆性(碎裂状)破坏		
	抗压强度(MPa)	≥70		GB/T 2569
粘结能力	钢-钢拉伸抗剪强度标准值(MPa)	≥14	≥10	GB/T 7124
	钢-钢不均匀扯离强度(kN/m)	≥20	≥15(—)	GJB 94
	与混凝土的粘结正拉强度(MPa)	≥max{2.5, f_{tk}}，且为混凝土内聚破坏		第15.2节
不挥发物含量(固体含量)(%)		≥99		GB/T 2793

注：表中的性能指标，除标有强度标准值的外，均为平均值；f_{tk}为被加固构件混凝土的抗拉强度标准值，见第14.4.1条；括号(—)表示B级胶不用于粘贴预成型板；当预成型板为仰面或立面粘贴时，其所使用胶粘剂的下垂度(40℃时)应不大于3mm。

3.2.5 纤维复合材必须采用连续纤维,其安全性及适配性检验指标应符合表 3.2.5-1、表 3.2.5-2 的规定。

碳纤维复合材安全性及适配性检验合格指标　　表 3.2.5-1

项目 \ 类别	单向织物(布) 高强度Ⅰ级	单向织物(布) 高强度Ⅱ级	条型板 高强度Ⅰ级	条型板 高强度Ⅱ级	试验方法标准
抗拉强度标准值 $f_{t,k}$(MPa)	≥3400	≥3000	≥2400	≥2000	第15.4节
受拉弹性模量 E_f(MPa)	≥2.4×10⁵	≥2.1×10⁵	≥1.6×10⁵	≥1.4×10⁵	第15.4节
伸缩率(%)	≥1.7	≥1.5	≥1.7	≥1.5	
弯曲强度 f_{fb}(MPa)	≥700	≥600	—	—	第15.5节
层间剪切强度(MPa)	≥45	≥35	≥50	≥40	第15.6节
仰贴条件下纤维复合材料与混凝土正拉粘结强度(MPa)	≥max{2.5, f_{tk}},且为混凝土内聚破坏				第16.2节
纤维体积含量(%)	—	—	≥65	≥55	GB/T 3366
单位面积质量(g/m²)	≤300	≤300			GB/T 3366

注：GB/T 3366 为《碳纤维增强塑料纤维体积含量试验方法》；GB/T 9914.3 为《增强制品试验方法　第3部分：单位面积质量的测定》；L形板的安全性及适配性检验合格指标按高强度Ⅱ级条形预成型板(条型板)采用。

玻璃纤维复合材安全性及适配性检验合格指标见表 3.2.5-2，其中各项指标的试验方法标准与表 3.2.5-1 的相同。

玻璃纤维复合材安全性及适配性检验合格指标　　表 3.2.5-2

项目 \ 类别	抗拉强度标准值(MPa)	受拉弹性模量(MPa)	伸长率(%)	弯曲强度(MPa)	仰贴条件下纤维复合材料-混凝土正拉粘结强度(MPa)	单位面积质量(g/m²)	层间剪切强度(MPa)
S玻璃	≥2.2×10³	≥1.0×10⁵	≥3.2	≥600	≥max{2.5, f_{tk}},且为混凝土内聚破坏	300~450	≥40
E玻璃	≥1.5×10³	≥7.2×10⁴	≥2.8	≥500		300~450	≥35

表 3.2.5-1、表 3.2.5-2 中 f_{tk} 为被加固构件混凝土的抗拉强度标准值，见第 14.4.1 条。

3.3 施工方法

3.3.1 施工工艺流程（见图3.3.1）

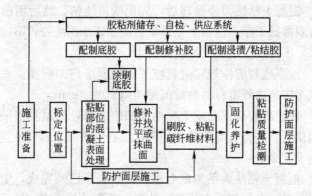

图3.3.1 粘贴纤维复合材加固施工工艺流程框图

3.3.2 构件打磨处理

对梁、柱的棱角进行圆化处理时，应采用机械打磨成设计要求的圆弧角。若设计未规定圆弧角的半径r，对梁、板，应取$r \geqslant 20$mm（见图3.3.2）；对柱，应取$r \geqslant 25$mm。

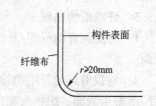

图3.3.2 转角处的倒角要求

3.3.3 纤维片材裁剪

1 增强纤维片材裁剪应在清洁的房间内的工作台上进行。

2 裁剪下料可采用特制剪刀剪断或用锋利的美工刀切割成所需尺寸。纤维织物和板材应顺丝裁剪，保证下料片材纵向纤维的完整性。

3 裁剪好的碳纤维布不应折叠，而应成卷状妥善保管；裁剪好的碳纤维板应平直存放，避免产生翘曲、变形。不得粘染上灰尘或油污。

3.3.4 粘贴界面处理

1 经清理、修整后的混凝土结构、构件，其粘贴部位若有局部缺陷和裂缝应按设计要求进行灌缝或封闭处理；对有高差、错台及内转角的部位应打磨或抹成平滑的曲面；然后对粘贴表面进行打磨和糙化处理。

2 混凝土粘贴面经处理后，先用吹风清洁，然后用白布沾工业丙酮擦拭干净。白布上无黑渍后应立即涂刷底胶，不应长时间放置，不得粘上水渍、油渍和粉尘。

3 涂刷底胶应按规定进行施工，涂刷应均匀饱满，底胶的涂刷范围应超出纤维材料粘贴范围四周20～30mm。

4 底胶凝胶后，混凝土粘贴面凹陷用修补胶填补整平。修补胶固化后，进行打磨和糙化处理，没有特殊要求表面平整度偏差不应大于2mm/m。

5 混凝土粘贴面平整度合格，打磨工序已经完成，尘埃基本落定之后，分别用白布或棉纱沾工业丙酮擦拭干净。然后，应立即进行下道工序施工，不应长时间放置，以免粘贴面上再粘上水渍、油渍和粉尘。

3.3.5 纤维织物粘贴

1 将配制好的浸渍/粘结树脂均匀涂抹于粘贴部位的混凝土表面。

2 将裁剪好的纤维织物按照放线位置敷在涂好浸渍/粘结树脂的混凝土表面。织物应充分展平，不得有褶皱。

3 沿纤维方向用特制滚筒在已粘贴的纤维面上多次单向滚压，应使浸渍树脂充分浸渍纤维织物，并使织物的铺层均匀压实，无气泡发生。

4 多层粘贴纤维织物时，逐层重复上述步骤，但应在上层纤维织物表面达到指触干燥时立即粘贴下一层。干燥时间超过60min，应等待12h后，才能继续进行粘贴，但粘贴前应重新将织物粘合面上的灰尘擦拭干净。

5 碳纤维布沿纤维受力方向的搭接长度不应小于100mm。当采用多条或多层碳纤维布加固时，各条或各层碳纤维布的搭接位置应相互错开。错开距离不应小于250mm，且不小于1.5倍

搭接长度 L_f，见图 3.3.5。

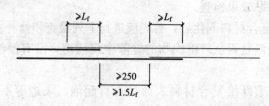

图 3.3.5 纤维布搭接长度和搭接间距的要求

6 最后一层纤维织物的表面应均匀涂抹一道浸渍/粘结树脂。为保证纤维复合材料与后面材料的粘结质量，可在涂抹浸渍/粘结树脂后，立即在其表面撒石英砂。

3.3.6 碳纤维板粘贴

1 用工业丙酮擦拭裁剪好的碳纤维板的粘贴面（贴一层板时为一面，贴多层板时为两面），至白布擦拭检查无碳微粒为止。

2 将配制好的粘结树脂及时涂在混凝土表面和碳纤维板上。在混凝土表面应涂抹均匀，每边的涂抹宽度比板宽20～30mm；在碳纤维板表面涂抹时，应使胶层在板宽方向呈中间厚、两边薄的形状，平均厚度为1.5～2mm。

3 将已涂刷完胶的碳纤维板用手轻压贴在混凝土粘合面的放线位置上，然后用特制橡皮滚筒顺纤维方向均匀展平、压实，并应使胶液从板材两侧溢出。压实时，不得使碳纤维板滑移错位。

4 需粘贴两层碳纤维板时，应重复上述步骤连续粘贴，若不能立即粘贴，应在重新粘贴前，将上一工作班粘贴的碳纤维板表面擦拭干净。

3.3.7 粘贴后要求

已粘贴纤维复合材料的构件周围，不得有持续100℃以上的高温，严禁在粘贴表面焊接施工。

3.4 施工质量检验

3.4.1 纤维复合材粘贴位置，与设计要求的位置相比，其中心线偏差不应大于10mm。

3.4.2 粘贴效果检查

纤维复合材料固化后，首先应进行下列检查和修补：

1 胶液是否从纤维织物的缝隙中浸渍出，没有浸渍的部位应补刷胶液。

2 观察纤维复合材料表面是否有起泡、飞边等不良现象。起泡多时应考虑胶粘剂与纤维的相容性；飞边应补刷胶液。

3 采用敲击法检测分层、脱胶、树脂固化不完全等情况。纤维复合材与混凝土之间的总有效粘贴面积不应小于总粘贴面积的95%。单个空鼓面积小于10000mm^{2}时可采用注射法充胶修复；单个空鼓面积不小于10000mm^{2}时应割除修补，重新粘贴等量纤维复合材，且各边搭接长度不应小于100mm。

3.4.3 已加固施工完成的纤维复合材与混凝土间的正拉粘结强度应符合表3.2.5-1或表3.2.5-2的要求，检测方法按本书第16.2节要求进行，检查数量：

1 对梁柱类构件，应以同种类、同规格的构件为一检验批，按每一检验批构件总数的10%确定抽样数量，但不得少于3根构件；每根受检构件应粘贴不少于3个钢标准块，作为一组试样进行检验。

2 对板、墙类构件，应以同种类、同规格的构件为一检验批，并按实际粘贴的纤维复合材表面积，每200m^2（不足200m^2，按200m^{2}计）取一组试样，每组试样由3个钢标准块组成，由检验人员随机确定其粘贴位置。

若不符合要求，应揭去，按本书第3.3节的要求重新打磨、粘贴，固化后再检验验收。

3.4.4 纤维复合材的胶层厚度，可利用正拉粘结强度检验的试样，采用游标卡尺逐个测量纤维复合材的厚度。其中胶层的厚度应符合下列要求：

1 对纤维织物（布）：小于2mm。

2 对预成型板：小于3mm。

3.4.5 按胶粘剂生产厂商规定的胶粘剂固化时间养护到期后，其固化硬度应达到邵氏硬度≥70。

若在规定的时间内粘贴纤维的胶粘剂未完全固化，应立即揭去重新粘贴。

3.5 纤维复合材料的修补

3.5.1 树脂注射修理

树脂注射主要用于修补纤维增强复合材料的分层和脱胶的修理，树脂注射修理方法为：

1 首先采用无损检测技术，确定脱胶或分层位置。

2 在分层区按一定距离钻若干个树脂注射孔和泻出孔，其深度恰好到达分层或脱胶层面。

3 向分层或脱胶区注入树脂，直至从泻出孔溢出树脂。

4 注胶完成后，在面上施加一定压力，直至胶体固化。

3.5.2 表面修补

表面修补主要是用于纤维复合材表面少量的断丝、飞边、脱胶等情况的修复。虽然这些现象出现的初期对加固效果的影响并不显著，但是不进行修补，可能会逐渐发展，造成严重后果。

1 当纤维复合材表面的纤维织物有少量纤维丝断裂，可在表面粘贴一条纤维织物。粘贴纤维织物丝的方向应于原纤维复合材料中的纤维织物丝的方向一致。

2 由于纤维复合材与混凝土粘结的致命缺点是不均匀扯离强度与剥离强度低，很容易在结合处边缘首先发生飞边，从而导致粘结失效。因此，出现飞边应及时粘贴处理。考虑到飞边处已出现过局部损坏，重新粘贴效果一般不会太好，还应在上横向粘贴一根压条，以免时间长后又会飞起。

3.5.3 挖补修复

挖补修复主要是用于纤维增强塑料在使用中受到的损伤面积较大或已影响加固性能的情况，其修复可按以下方法进行：

1 确定损坏区域，将受损部位及周边切割，使其为矩形框

［见图3.5.3(a)］。

2 对粘贴表面用砂纸进行打磨和糙化处理，但不能伤及原有纤维。

3 首先粘贴填补矩形框［见图3.5.3(b)］，然后在其上粘贴补强纤维片材。

粘贴的纤维片材品种和规格应与原纤维片材相同，粘贴方法按本章第3.3节的要求进行。受力方向与原纤维片材的搭接，每端不应小于100mm；垂直于受力方向与原纤维片材的搭接，每端不应小于50mm［见图3.5.3(c)］。

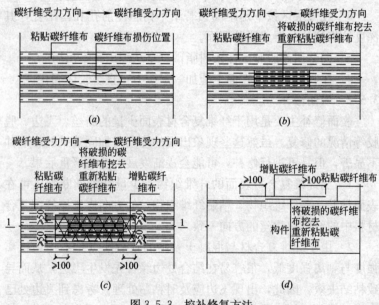

图3.5.3 挖补修复方法
(a)碳纤维布损伤位置图；(b)碳纤维布挖补位置图；
(c)增贴碳纤维布位置图；(d)1—1剖面图

4 植筋技术

4.1 基本概念

4.1.1 植筋的定义

采用结构胶粘剂或水泥基材料，将钢筋或全螺纹螺杆锚固于混凝土基材中。

4.1.2 植筋的锚固作用

从图 4.1.2-1 可以看到，浇筑混凝土对钢筋是直接的握裹，而植筋则在钢筋与混凝土之间有一层胶粘剂，因此它们之间的传力形式是有区别的。由于胶粘剂是在混凝土成形后注入，为保证传力的可靠性，植筋时胶的饱满度和粘结程度很重要。

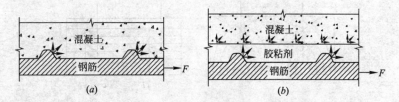

图 4.1.2-1　钢筋与混凝土结合关系
(a)混凝土浇固；(b)植筋锚固

植筋的锚固受力，首先是钢筋的肋与周围胶粘剂互相咬合和分子间的作用，在钢筋两肋之间，还发挥的粘结作用由下述应力组合：沿钢筋表面的附着力而产生的剪应力；对肋条侧面的压应力；作用在相邻两肋条之间胶粘剂圆柱面上的剪应力，见图 4.1.2-2。钢筋的受力通过胶粘剂与混凝土间分子间的作用和机械作用传给混凝土。由此可见，胶粘剂的饱满度以及与孔壁混凝土的有效粘结，是保证植筋效果的重要条件。

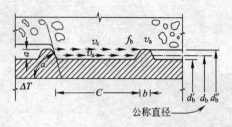

图 4.1.2-2 变形钢筋两个肋条之间的应力作用

4.1.3 基本要求

1 植筋主要用于连接原有结构构件与新增构件，钢筋混凝土结构中钢筋的存在增加了被植钢筋的抗滑移能力和传力的性能(见图 4.1.3)，保证了新旧构件连接的可靠性。因此，植筋不适用于素混凝土结构及纵向受力钢筋配筋率低于最小配筋百分率规定的结构构件；这类构件的植筋应按锚栓进行设计计算。

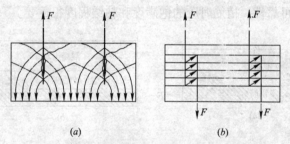

图 4.1.3 被植钢筋受力在混凝土中的传递
(a)在素混凝土中；(b)在钢筋混凝土中

2 混凝土的强度直接影响结构胶粘剂的粘结性能和植筋效果，因此从植筋失效引起后果的严重性考虑，《混凝土结构加固设计规范》GB 50367 对混凝土强度有如下要求：当新增构件为悬挑结构构件时，植筋部位混凝土的强度等级不低于C25；当新增构件为其他结构构件时，植筋部位混凝土的强度等级不低于C20。

3 植筋锚固部位及其周边的混凝土不能有局部缺陷。若有局部缺陷，应先进行补强或加固处理后再植筋，以免植筋达不到预期效果。

4 施工宜在环境温度高于5℃、混凝土表层含水率小于4%的条件下进行，并应符合配套树脂要求的施工使用温度。当不符合上述条件时，应采取措施予以保证或停止施工。

4.2 植筋材料

4.2.1 植筋材料分为有机和无机两大类，植筋材料成分的分类见图4.2.1-1。但是不同植筋材料的锚固效果是不相同的，从图4.2.1-2几种植筋材料连接强度-位移曲线可以看出，环氧树脂植筋胶的效果是最好的。

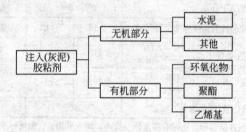

图 4.2.1-1 植筋材料的成分的分类

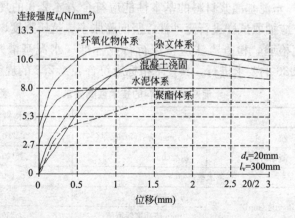

图 4.2.1-2 几种材料连接强度-位移曲线比较

4.2.2 种植锚固件的胶粘剂，必须采用专门配制的改性环氧树脂类胶粘剂或改性乙烯基酯类胶粘剂(包括改性氨基甲酸酯胶粘剂)，其安全性检验指标必须符合表 4.2.2 的规定。进场时，应抽取试样可参照第 15.1 节作钢套筒粘结拉伸抗剪强度检验，其性能应符合表 4.2.2 的规定。若胶粘剂未做耐湿热老化性能试验，应可参照第 14.1 节要求补做。

锚固用胶粘剂安全性检验合格指标　　　表 4.2.2

性能项目		性能要求		试验方法标准
		A 级胶	B 级胶	
胶体性能	劈裂抗拉强度(MPa)	≥8.5	≥7.0	按第 14.2 节
	抗弯强度(MPa)	≥50	≥40	GB/T 2570
	抗压强度(MPa)	≥60		GB/T 2569
粘接能力	钢套筒拉伸抗剪强度标准值(MPa)	≥16	≥13	按第 15.1 节
	约束拉拔条件下带肋钢筋与混凝土的粘结强度(MPa)	C30、ϕ25 $l=150$mm	≥11.0	≥8.5	按第 15.3 节
		C60、ϕ25 $l=125$mm	≥17.0	≥14.0	
	不挥发物含量(固体含量)(%)	≥99		GB/T 2793

注：表中各项性能指标，除标有强度标准值外，均为平均值。强度标准值按第 14.4 节计算；当按现行国家标准《树脂浇铸体弯曲性能试验方法》GB/T 2570 进行胶体弯曲强度试验时，其试件厚度 h 应改为 8mm。

4.2.3 水泥基灌浆材料的基本性能应符合表 4.2.3 的规定。进场时，应抽取试样进行流动性、竖向膨胀率、抗压强度、钢筋握裹强度检验，检查方法应按现行行业标准《水泥基灌浆材料》JC/T 986 的要求进行，其技术指标应符合表 4.2.3 的规定。

水泥基灌浆材料的技术性能要求　　　表 4.2.3

项目		技术指标
粒径	4.75mm 方孔筛余量(%)	≤2.0
凝结时间	初凝(min)	≥120
泌水率(%)		≤1.0
流动度(mm)	初始流动度	≥260
	30min 流动度保留值	≥230

续表

项目		技术指标
抗压强度(MPa)	1d	≥22.0
	3d	≥40.0
	28d	≥70.0
竖向膨胀率(%)	1d	≥0.020
钢筋握裹强度(圆钢)(MPa)	28d	≥4.0
对钢筋锈蚀作用		应说明对钢筋有无锈蚀作用

4.2.4 水泥基灌浆材料宜使用饮用水，当使用其他水源时，水质应符合现行行业标准《混凝土用水标准》JGJ 63 的规定。

4.3 施工方法

4.3.1 施工工艺流程(见图 4.3.1)

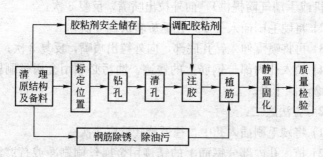

图 4.3.1 植筋的施工工艺流程框图

4.3.2 植筋粘结材料

植筋粘结材料分为有机和无机两大类；配胶的方式有分管装式、机械注入式和现场配制式三种，应根据不同的材料和配胶方式的特点进行施工。

4.3.3 划线定位及钻孔

钻孔植筋前，应在构件植筋部位放线定位，用钢筋保护仪探测钻孔处有无钢筋，若有钢筋则应适当调整钻孔位置。

在钻孔过程中，当遇到钢筋或预埋件时应立即停钻，并适当调整钻孔位置。

在钻孔位置偏离不能满足设计要求时，应立即通知设计单位处理。

4.3.4 清洁孔壁和钢筋

1 方法之一（见图 4.3.4）：

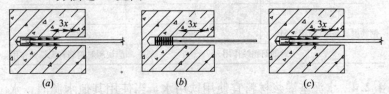

图 4.3.4 清孔工艺流程
(a)清除粉尘；(b)清刷孔壁；(c)再次清除粉尘
(注：$3x$ 为 3 次)

1) 先将喷嘴伸入钻孔底部，吹入洁净无油的压缩空气(可由空压机或手动气筒提供)，向外拉出喷嘴，反复 3 次；

2) 将硬毛刷插入孔中，往返旋转清刷 3 次；

3) 再将喷嘴伸入钻孔底部，向外拉出喷嘴，反复 3 次；

4) 植入孔内部分钢筋上的锈迹、油污必须用金属丝刷刷净或打磨清除干净。

2 方法之二：

1) 将硬毛刷插入孔中，往返旋转清刷 3 次；

2) 植入孔内部分钢筋上的锈迹用金属丝刷刷净或打磨清除干净；

3) 用蘸有丙酮或工业用酒精将孔壁、孔底剩余粉屑和植入孔内部分钢筋上的油污擦拭干净。

4.3.5 灌注胶粘剂

应使用专门的灌注器或注射器进行灌注，灌注方式应不妨碍孔中的空气排出，灌注量应保证在植入钢筋后有少许胶粘剂溢出。注入量一般为孔深的 2/3。

4.3.6 植筋

注入胶粘剂后，应立即单向旋转插入钢筋，并尽量使植入的钢筋与孔壁间的间隙均匀，直至达到规定的深度。

4.3.7 静置固化

胶粘剂完全固化前，不得触动或振动已植钢筋，以免影响其粘结性能。

4.4 施工质量检验

4.4.1 钻孔要求

1 采用胶粘剂植筋直径与钻孔直径应满足表4.4.1-1的要求，直径允许偏差为+2mm、-1mm。

采用胶粘剂植筋直径与钻孔直径(mm)　　　表 4.4.1-1

钢筋公称直径	钻孔直径	钢筋公称直径	钻孔直径
6	10	18	22
8	12	20	25
10	14	22	28
12	16	25	30
14	18	28	35
16	20	32	38

2 采用水泥基灌浆材料植筋直径与钻孔直径应满足表4.4.1-2的要求，直径允许偏差为+4mm、-1mm。

采用水泥基灌浆材料植筋直径与钻孔直径(mm)　表 4.4.1-2

钢筋公称直径	钻孔直径	钢筋公称直径	钻孔直径
6	12	18	25
8	14	20	28
10	16	22	30
12	18	25	35
14	20	28	38
16	22	32	40

3 钻孔深度、垂直度和位置的允许偏差应满足表4.4.1-3

的要求。

植筋钻孔深度、垂直度和位置允许偏差　　　表4.4.1-3

植筋位置	钻孔深度允许偏差(mm)	钻孔垂直度允许偏差	位置允许偏差(mm)
基　　础	+20，0	5°	10
上部构件	+10，0	3°	5
连接节点	+5，0	2°	5

4.4.2　植筋要求

1　锚孔内粘结材料应饱满，不得有未固结、碳化等情况。

2　已植钢筋不得有松动，钢筋不得弯曲90°以上，表面不应有损伤痕迹。

4.4.3　承载力检验

在保证按照植筋施工的工序和要求完成的前提下，对种植的钢筋进行锚固承载力的现场抽样检验，其质量必须符合设计要求和本书第16.1节的规定。

4.4.4　施工应注意的问题

1　植筋深度

承重结构植筋的锚固深度必须经设计计算确定，植筋的锚固深度必须满足设计规定。当前植筋市场竞争十分激烈，一些植筋胶公司为了标榜其"优质"产品的性能，推荐使用$10\sim12d$(d为植筋直径)的锚固深度。这对承重结构而言是极其危险的。特别是在植群筋的情况下，无一不在很低的荷载下便发生脆性破坏，而这在单筋短期拉拔试验中是很难察觉的。有些经验不足的设计人员，却为了解决构件截面尺寸较小无法按锚固设计值植筋的问题，而在推销商的误导下，采用很浅的锚固深度，以致给工程留下了隐患。调查表明，在国内已有不少类似的安全事故发生。

2　错误的植筋方法

一些施工单位，为了降低成本，采用减小植筋深度，缩小钻孔孔径，来减少胶粘剂的用量；并且直接将胶粘剂涂抹在钢筋上，然后插入孔中，这些做法不能保证植筋胶与钢筋和混凝土孔壁的有效粘结和饱满度，是严格禁止的。

3 废孔处理

施工中钻出的废孔，应采用高于构件混凝土一个强度等级的水泥砂浆、树脂水泥砂浆或锚固胶粘剂进行填实，孔中可插入钢筋，以免影响结构构件的受力性能和已植钢筋的锚固性能。

5 锚栓锚固技术

5.1 基本概念

5.1.1 锚栓的定义

锚栓是将固定物后锚固到混凝土基材上的组合件,它分为膨胀摩擦型锚栓、开裂混凝土用化学锚栓和后置式预埋件三种。可用作受压、中心受剪、压剪组合的结构构件的后锚固连接。

5.1.2 锚栓的种类及作用机理

1 膨胀摩擦型锚栓

膨胀摩擦型锚栓简称膨胀锚栓。它是通过膨胀力在预钻孔内实现锚固的一种锚栓,膨胀锚栓的抗拉能力主要来自于膨胀套筒与混凝土之间的摩擦力和部分锁键力。图 5.1.2-1、图 5.1.2-2 分别为扭矩控制式膨胀型锚栓、位移控制式膨胀型锚栓。

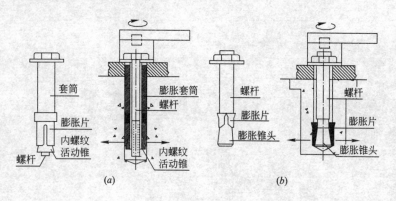

图 5.1.2-1 扭矩控制式膨胀型锚栓
(a)套筒式(壳式);(b)膨胀片式(光杆式)

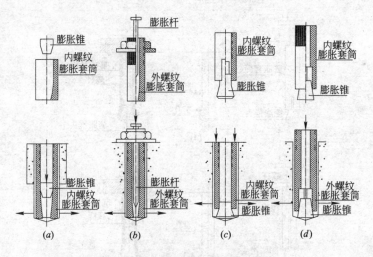

图 5.1.2-2 位移控制式膨胀型锚栓
(a)锥下型(内塞);(b)杆下型(穿透式);(c)套下型(外塞);(d)套下型(穿透式)

当膨胀型锚栓受拉拔发生位移时,栓杆锥面挤入套管迫使其胀开,当套管与混凝土孔壁产生挤压摩擦时,孔壁受挤压后发生变形,会出现挤压扩孔现象。套管钢材的硬度越高,外周齿槽数量越多,预紧程度或拉拔力越大,该现象也越明显。在膨胀型锚栓的抗拉拔承载力中,以挤压摩擦作用的贡献为主,挤压扩孔作用的贡献为辅。这类锚栓一般有较好的后续膨胀功能。

2 扩孔型锚栓

扩孔型锚栓是一种特殊的扩底锚栓,它通过电锤使后置式预埋件套筒在混凝土圆柱形孔中自切扩孔成槽,与混凝土完全吻合锁键实现锚固的紧固件,具有与预埋等同的拉拔应力-应变曲线和在混凝土中形成的应力分布,见图 5.1.2-3。

扩孔型锚栓使用专用锥孔钻头成孔、扩孔,混凝土孔壁锥面与锚栓膨胀端发生"镶嵌咬合",但膨胀端与孔壁也同时存在挤压摩擦作用。在扩孔型锚栓抗拉拔承载力中,以"镶嵌咬合"作用的贡献为主,挤压摩擦作用的贡献为辅。扩孔型锚栓的后续膨胀作用很小,或无后续膨胀作用。

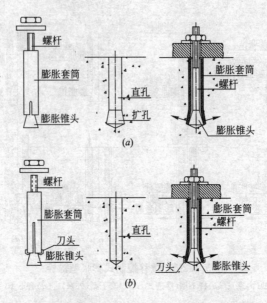

图 5.1.2-3 扩孔型锚栓
(a)预扩孔普通栓;(b)自扩孔专用栓

3 开裂混凝土用化学锚栓

用化学胶粘剂将长期螺杆或带肋钢筋等胶结固定于混凝土基材中的一种后锚固技术。具有开裂混凝土用特性的特殊化学锚栓,可承受直接作用的受压荷载、动荷载。

化学锚栓(粘结型锚栓):依靠栓杆与孔壁之间的粘结抗剪作用获得抗拉拔承载力,无后续膨胀功能。随拉拔力增大,栓杆直径减小,可促使粘胶沿孔径方向从孔壁上被剥离。栓杆一旦发生拔出滑移,则表明其有效粘结面积开始减小,锚固失效过程开始发生。

5.1.3 基本要求

1 混凝土结构采用锚栓技术时,其混凝土强度等级:对重要构件不应低于C30;对一般构件不应低于C20。

2 膨胀型锚栓和扩孔型锚栓不应用于受拉、边缘受剪、拉剪复合受力的结构构件。

3 当采用机械型锚栓时,其安装现场的气温不宜低于-5℃。

当采用化学锚栓时，其基材表面温度应符合胶粘剂产品使用说明书的规定；若设计文件和产品使用说明书未作规定，则应按不低于5℃进行控制。

4 严禁在雨雪天气进行露天作业。

5.2 锚栓

5.2.1 膨胀型锚栓、扩孔型锚栓进场时，应对其品种、型号、规格等进行检查，其质量必须符合现行行业标准《混凝土用膨胀型、扩孔型建筑锚栓》JG 160 有关规定。并应抽取试件作锚栓抗拉强度标准值检验，其钢材的性能指标必须符合表5.2.1-1或表5.2.1-2的规定。

碳素钢及合金钢锚栓的钢材抗拉性能指标　　　表5.2.1-1

	性　能　等　级	4.8	5.8	6.8	8.8
锚栓钢材性能指标	抗拉强度标准值 f_{uk}(MPa)	400	500	600	800
	屈服强度标准值 f_{yk}或$f_{s,0.2k}$(MPa)	320	400	480	640
	伸长率 δ_5(%)	14	10	8	12

注：表中性能等级4.8表示：$f_{uk}=400$MPa；$f_{yk}/f_{uk}=0.8$。

不锈钢锚栓(奥氏体 A1、A2、A3、A4)的钢材性能指标　　表5.2.1-2

	性　能　等　级	50	70	80
	螺栓公称直径 d(mm)	≤39	≤24	≤24
锚栓钢材性能指标	抗拉强度标准值 f_{uk}(MPa)	500	700	800
	屈服强度标准值 f_{yk}或$f_{s,0.2k}$(MPa)	210	450	600
	伸长率 δ_5(%)	0.6d	0.4d	0.3d

5.2.2 化学锚栓用的锚固型胶粘剂进场时，应抽取试件按第15.1节做钢套筒粘结拉伸抗剪强度检验，其性能应符合表4.2.2的规定。若胶粘剂未做过耐湿热老化性能试验，应补做。

化学锚栓用的锚杆进场时，应抽取试件做锚杆抗拉强度标准值检验，其钢材的性能指标必须符合表5.2.1-1或表5.2.1-2的规定。

5.2.3 锚栓外观表面应光洁、完整，不得有裂纹或其他局部缺陷；不应有锈迹和其他污垢；螺纹不应有损伤。锚栓应按厂家提供的整套使用，不得替换任何部件。按包装箱数抽查5%，且不应少于3箱。

5.3 施工方法

5.3.1 施工工艺流程框图

机械型锚栓施工工艺流程框图见图5.3.1-1，注射式化学锚栓施工工艺流程框图见图5.3.1-2，管式化学锚栓施工工艺流程框图见图5.3.1-3。

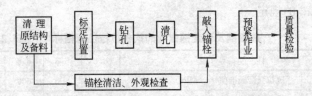

图 5.3.1-1 机械型锚栓施工工艺流程框图

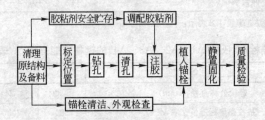

图 5.3.1-2 注射式化学锚栓施工工艺流程框图

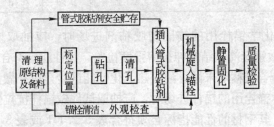

图 5.3.1-3 管式化学锚栓施工工艺流程框图

5.3.2 锚孔的清理应符合下列要求：

1 对机械型锚栓的锚孔，应用洁净无油的压缩空气或手动气筒清除孔内粉屑。

2 对化学锚栓的锚孔，应先用硬毛刷清孔，然后用洁净无油的压缩空气或手动气筒清除粉屑。

3 按上述第1、2条每个孔清孔的次数不应少于3次；必要时，还应在锚栓安装前用工业丙酮擦拭干净。

4 孔壁应无油污，锚板范围内的基材表面应光滑平整，无残留粉尘、碎屑。

5 孔壁干燥程度应符合产品使用说明书的要求。

5.3.3 机械型锚栓的安装应符合下列规定：

1 自切底锚栓的安装，应使用专门安装工具并利用锚栓专制套筒的切底钻头边旋转、边切底、边就位；并可通过自测位移以判断安装是否到位；若已到位，其套筒顶端至混凝土表面的距离应约为1mm。

2 切底锚栓的安装应使用专门敲击工具，将锚栓套筒敲至柱锥体规定位置以实现正确就位，并可通过目测位移以判定安装是否到位，若已到位，其套筒顶端至混凝土表面的距离应约为1mm。

5.3.4 化学锚栓的安装应符合下列规定：

1 安装注射式化学锚栓时，应将混合管插入孔底，由孔底往外均匀注入胶液，注至孔深的2/3即可；注胶同时应均匀提升注射器。若孔深超过200mm时，应使用混合管延长器注胶，并以孔口有胶液溢出作为目测检验注胶合格的标志，若无胶液溢出，应立即拔出注射器进行检查。

2 安装玻璃管式化学锚栓时，应将玻璃管插入锚孔，并用电锤以低速（750r/min以下）将螺杆慢慢旋入，直至锚固深度（螺杆上的标志线），同样以目测有少量胶液外溢为合格。

3 安装完成后，在固化时间内严禁扰动，以免影响其粘结性能。

5.4 施工质量检验

5.4.1 锚固连接施工质量应符合设计的规定,当设计无要求时,应符合产品说明书和表 5.4.1 的要求。

锚固施工允许偏差　　　　　表 5.4.1

锚栓种类	预紧力	锚固深度(mm)	膨胀位移(mm)
扭矩控制式膨胀型锚栓	+15%	0,+5	—
扭矩控制式扩孔型锚栓	+15%	0,+5	—
位移控制式膨胀型锚栓	+15%	0,+5	0,+2

5.4.2 化学锚栓的胶粘剂应在产品说明书规定的"完全固化期"前正常固化,且仰面锚固的锚孔周边无胶液垂流的现象。

5.4.3 锚栓安装、紧固(固化)完毕后,应进行现场锚固承载力检验,其质量必须符合设计要求和第 16.1 节的规定。

5.4.4 锚固的破坏形态

混凝土用膨胀型、扩孔型建筑锚栓,锚固的破坏类型可分为三种:基材破坏、锚筋拔出或穿出破坏、锚筋钢材破坏。它们与钢筋的品种、基材的性能、锚固参数及作用力的性质等因素有关。

1 基材破坏

混凝土以锚筋为轴成锥体受拉破坏;混凝土以锚筋为轴成楔形体受剪破坏;混凝土受锚筋的胀力而产生沿钢筋的劈力破坏;及锚筋受剪时混凝土沿反方向被锚筋撬坏。基材的破坏是锚固破坏的基本形式,它表现出一定脆性,破坏荷载离散性较大,对于重要受力锚固应避免这种破坏形式(见图 5.4.4-1)。

2 锚筋拔出或穿出破坏

表现为锚筋从锚孔中被拔出来了,产生的主要原因是安装方法不当,部件不配套,如钻孔过大,质量差等(见图 5.4.4-2)。它是一种不正常的破坏现象,一般不允许发生,一旦发生应按锚固质量不合格处理。

3 锚筋钢材被拉断、剪坏或拉剪组合受力破坏

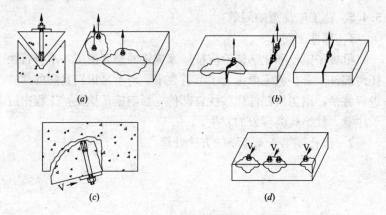

图 5.4.4-1 基材破坏的几种形式
(a)混凝土锥体破坏；(b)混凝土劈裂破坏；(c)混凝土剪撬破坏；(d)混凝土边缘破坏

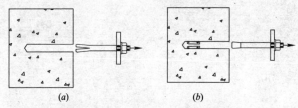

图 5.4.4-2 锚筋拔出或穿出破坏
(a)锚筋拔出破坏；(b)锚筋穿出破坏

主要发生在锚固深度超过临界深度，或混凝土强度过高、锚固区钢筋密集、锚筋材质较低或有效截面偏小时，此种破坏一般具有明显的塑性变形，破坏荷载离散性较小，对于主要受力结构锚固，应取这种破坏形式(见图 5.4.4-3)。

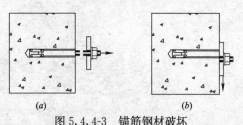

图 5.4.4-3 锚筋钢材破坏
(a)锚筋钢材拉断破坏；(b)锚筋钢材受剪破坏

5.4.5 施工应注意的问题

1 部件配套

机械型锚栓和化学锚栓应按厂家提供的整套使用,不得替换任何部件。有些施工单位为了节省成本,对不易识别真假的部件进行替换,用劣质部件代替优良部件,影响施工质量,工程中应予注意,杜绝此类现象的发生。

2 废孔按第4.4.4条的方法处理。

6 增大截面加固

6.1 增大截面加固的特点

6.1.1 基本概念

增大截面加固法是增大原构件截面面积并增配钢筋，以提高其构件的承载力和刚度的一种直接加固方法。

采用增大截面法加固，结构可靠性好，构件承载力、刚度提高幅度大，增加了结构稳定性。但该法施工周期长；湿作业，往往需要停产；构件尺寸的增大可能影响使用功能；加固后易引起地震力的增加和薄弱层的转移，要注意结构自振频率的改变。

6.1.2 构件加固形式

增大截面法是根据构件的受力特点，加固的目的、构件的尺寸大小和施工的难度，采用单侧、双侧、三面加固，或四边围套加固（见图6.1.2）。该法适用于梁、板、柱、墙、基础和屋盖等结构构件。

6.1.3 基本要求

1 被加固的混凝土结构构件，按现场检测结果确定的原构件混凝土强度等级不应低于C10。

2 当新增截面中的钢筋需要焊接在原构件主筋上时，在施焊前，应根据实际情况，逐根分区分段分层进行焊接，以减少原受力钢筋的热变形，使原结构的承载力不致受到较大影响。

3 为了保证加固后新旧混凝土之间的共同工作，施工中必须采取有效措施保证新旧混凝土之间有可靠的粘结。

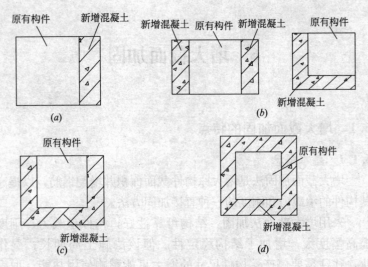

图 6.1.2 增大截面法加固形式示意图
(a)单侧;(b)双侧;(c)三面;(d)四周围套

6.2 粘结面处理方法

6.2.1 糙化处理

糙化处理可以提高胶层的粘结面积,增加机械齿合力作用,是得到普遍认同的。但应注意的是:糙化处理的效果与采用的方法有关,也就是说,为达到好的效果,在可能的情况下应考虑选择适合的施工方法。此外,糙化处理的效果与形成的不同表面几何形态有关系,如糙化的纹路方向与已知的受力方向最好能形成一定夹角,以增加其机械齿合作用力。对于多孔的混凝土材料,表面糙化处理后,毛细管的缝隙还会因毛细管作用而帮助胶液扩展,提高附着强度。若表面粗糙度过大,凹处残留的空气、水分等会对粘结产生不良影响,使胶层厚薄严重不均,影响其力学性能。以下是目前常用的糙化处理方法:

1 砂轮打磨

采用砂轮块或电动砂轮机对混凝土粘结表面或金属粘结表面

进行打磨,可以清除表面的污垢、锈斑,使表面形成纹路线条,其深度较浅。一般适用于粘贴钢板法加固和粘贴纤维增强塑料加固中,混凝土和金属表面的处理。

2 人工凿毛

采用钻子和锤凿毛混凝土粘结面,是以点的形式分布,深度较大。一般适用于混凝土增大截面法、置换法和表面修补。在大型建筑和构筑物施工中,也采用气锤凿打,以提高效率。

3 喷砂(丸)

将磨料通过喷射机控制喷射速度和喷射密度,对混凝土粘结面或金属表面进行清洁处理,并形成麻面。在现场施工中,磨料一般采用石英砂较多。石英砂具有坚硬的棱角,喷射到工件表面时刮削作用很强,除锈效果好,处理后的表面比较光亮,但粉尘大。

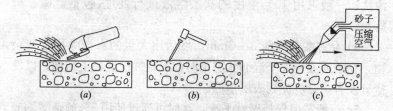

图 6.2.1 糙化处理方法
(a)砂轮打磨;(b)人工凿毛;(c)喷砂(丸)

4 高压水射

高压水射方法可以减小凿毛深度,降低表面破坏程度,减少微细裂缝的产生,可以替代凿毛后的冲洗,减少施工工序等优点。采用水压力在70～240MPa,冲刷混凝土粘结面,将混凝土表面的粗、细骨料外露,使之形成凸凹不平的表面。由于需购置高压喷水机或高压水枪,其价格比较昂贵。一般适用于大型建筑、构筑物新旧混凝土结合部的处理。

5 酸蚀

酸可以用于清洗金属表面的油污、锈斑、碱性物质,也可用于混凝土粘结面的糙化处理、泛碱、析盐处理。酸洗过程是酸与混凝土中的碱反应，使混凝土中的细骨料颗粒显露出来，从而形成极好的机械齿合。酸洗处理均匀，表面棱角分明，无噪声和粉尘。如果酸洗表面处理面积较大或过多地板使用酸溶液，容易产生一些问题，因为酸溶液本身就是一种潜在的有害物质。ACI515委员会建议仅仅当没有其他的表面处理方法可使用时才用酸蚀法。酸蚀法的施工步骤如下：

1) 用适当的清洁剂清除表面的润滑脂和油渍，然后洗净表面直到未留下一点残余试剂。

2) 用清洁的水湿润已干净的表面，以助于酸均匀地分散。

3) 加入按体积比浓度已稀释为10%～20%的酸，然后用坚硬的刷子或扫帚在混凝土表面涂刷。若混凝土不存在钢筋锈蚀问题，可采用氨基磺酸进行酸洗；泛碱、析盐可用3%的草酸溶液清洗；一般采用10%浓度的盐酸溶液进行处理（包括泛碱、析盐）。

4) 允许酸起泡沫3～5min，然后用大量的水清除稀浆残余物，在酸溶液还处于湿润状态下时彻底地冲洗混凝土结构，以使盐分没有机会沉淀到表层里面。

5) 一般需要保持碱性平衡，这时可通过使用5%的磷酸钠或者碳酸钠的稀溶液获得。这对于表面有环氧胺涂层时特别有意义，否则，残余酸会将涂层与混凝土之间的碱性养护剂中和，使其丧失作用。

6) 用清洁的水彻底地冲净表面然后让其干燥。如果还存在白色粉末，必须用刷子或吸尘器将粉末清除，这种情况会发生在酸蚀实施效果不好或者混凝土结构松软时。

7) 使用石蕊或者pH试纸检查表面，以确定所有的酸都已清除。

6.2.2 清洁处理

清洁粘结表面的涂层、油污、粉尘、锈垢或氧化物等杂质，是避免在粘结剂与被粘结面间形成隔离层，影响胶液的浸润性，降低粘结效果的必要步骤。以下是常用的一些方法。

1　水清洁

在对混凝土结构或构件进行加固和修补中，若采用混凝土浇筑，用水清洁原结构混凝土表面的泥沙、粉尘和杂物，既快又方便、又经济，因此是工地上常采用的方法。水不但能清洁粘结面，还因为浸润作用，有利于新旧混凝土的粘结。

2　毛刷清洁和拉毛

毛刷有两个作用：对于混凝土构件主要是清洁未粘在粘结面上的粉尘和杂质，常用于粘结面表面清扫，植筋和锚栓的孔壁清刷；对于刚浇筑初凝的混凝土构件表面，有拉毛糙化处理的功能。

3　火焰清洁

混凝土和金属粘结面有大量油污、厚层油漆或涂料、难清洗的有机物、锈蚀及氧化皮时，采用火焰喷蚀的方法清洁表面，比较快捷、省力。但应注意施工安全和防火，由于火焰清洁时会留下一些碳化物，因此还应采取其他方法进一步清洁粘结表面。

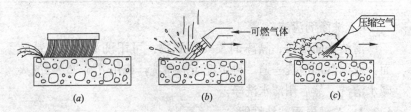

图 6.2.2　清洁处理方法
(a)毛刷清洁；(b)火焰清洁；(c)风力清洁

4　风力清洁

风力主要是清洁粘结面粉尘。常用于植筋和锚栓的孔壁清洗。由于新钻的孔洞内，没受污染，只有粉尘，采用压缩空气吹出粉尘是一种经济、快捷的方法。在植筋时，通过风力处理的孔壁上剩余的少量粉尘，在钢筋旋转进入而裹到胶液中成了填料，不影响粘结性能。

5　溶剂清洁

溶剂清洗是目前常采用的方法，特别是对油污、胶粘剂、涂料等有机物的清洁，效果很好。使用被粘结的材料不同，清洁粘结面的溶剂品种也不相同。表 6.2.2 给出了常用的被粘结材料选取表面清洁溶剂的参考品种。

表面清洁溶剂的选取　　　　　　表 6.2.2

被粘结的材料	可用溶剂	最佳溶剂
钢　　铁	丙酮、三氯乙烯、醋酸乙酯	三氯乙烯
铝及其合金	丙酮、三氯乙烯、丁酮	丁　酮
铜及其合金	丙酮、三氯乙烯	三氯乙烯
不锈钢	丙酮、三氯乙烯	三氯乙烯
环氧玻璃钢	丙酮、丁酮	丙　酮
酚醛塑料	丙酮、丁酮	丙　酮
有机玻璃	甲醇、异丙醇、无水乙醇	无水乙醇
碳纤维、玻璃纤维	丙酮、丁酮	丙　酮
混凝土	丙酮、无水乙醇	丙　酮

6　洗涤剂清洁

清洁表面油污、隔离剂及其他脏物：可用洗涤剂擦洗粘结面，或用溶剂清洗一遍，再用洗涤剂擦洗，或用 5%～10% 的火碱水清洗，然后用清水洗净。

6.2.3　改善界面粘结性能

1　水泥砂浆

混凝土的胶合力来自水泥水化反应形成水泥胶体的过程，因此，新浇混凝土对固体的旧混凝土的粘结力是很弱的。新旧混凝土结合面的抗拉强度（或粘结强度）必然低于新旧混凝土自身的抗拉强度，结合面显然是薄弱面。为提高新浇混凝土与原有混凝土构件的结合能力，最常用的是在原有混凝土构件的表面涂刷一道水泥砂浆，显然效果是有限的。

2　混凝土界面剂

提高粘结质量可以通过涂刷界面剂的方法来改善原有混凝土

的界面的吸附力。界面剂是保证新旧混凝土有效连接的一个重要手段，按组成界面剂可分为两种类别：

P类：由水泥等无机胶凝材料、填料和有机外加剂组成的干粉状产品。

D类：含聚合物乳液或可再分散聚合物胶粉的产品。

干粉状产品应均匀一致，不应有结块；液状产品经搅拌后呈均匀状态，不应有块状沉淀。界面剂的物理力学性能应符合表6.2.3的规定，指标的检验方法按现行行业标准《混凝土界面处理剂》JC/T 907 执行。

界面剂的物理力学性能要求　　　　　表 6.2.3

项目	粘结抗剪强度(MPa)		粘结拉伸强度(MPa)			
	7d	28d	未处理(14d)	浸水处理	热处理	冻融循环处理
指标	≥1.0	≥1.5	≥0.6	≥0.5		

以前常采用107胶和水泥、砂浆拌制成107胶水泥砂浆，涂刷在构件表面，以增加新旧混凝土的结合性能，后因107胶有毒，已禁用。

3　粘贴纤维用底胶

在增强纤维塑料加固中使用底胶的目的，就是改善混凝土与纤维布或修补胶之间的粘结性。底胶其黏度通常较低，易于浸入混凝土内与混凝土结合成类似树脂混凝土，可以增加混凝土的表层强度，并与塑料纤维紧密结合，有效传递剪力。第3章表3.2.4-1给出了底胶的主要性能指标。

6.3　施工方法

6.3.1　施工工艺流程（见图6.3.1）

图6.3.1　增大截面施工工艺流程框图

6.3.2 浇筑混凝土前,应对以下项目按隐蔽工程要求进行验收:
1 结构的尺寸偏差;
2 界面处理;
3 新增钢筋的品种、规格、数量和位置;
4 新增钢筋与原构件的连接构造;
5 植筋及焊接的质量;
6 预埋件的规格、位置。

6.3.3 界面处理

1 新旧混凝土结合面应凿毛或打成沟槽,凿毛深度应达骨料新面。采用砂轮打磨的沟槽其方向应尽量垂直于构件受力方向,深度约为6mm,间距不应大于箍筋间距或150mm。当采用三面或四面新浇混凝土层外包梁柱时,尚应凿除梁柱截面的棱角。在完成上述工序后,应用清洁的压力水将结合面冲洗干净。若采用喷射混凝土技术,应用压缩空气和水交替冲洗干净结合面。

2 原构件混凝土的界面,应按设计文件的要求涂刷界面剂:界面剂的涂刷方法应符合其产品使用说明书的规定。若设计未提出要求,应涂刷一遍水泥浆,且应在混凝土浇筑前24h内保持界面湿润。水泥浆应采用强度等级不低于42.5级的普通硅酸盐水泥配制。

6.3.4 新增受力钢筋、箍筋及其连接件与原构件的连接

1 对受弯构件,加固的受力钢筋与原构件受力钢筋间的净距不应小于20mm。当采用短钢筋焊接连接时,短钢筋的直径不应小于20mm,长度不应小于$5d$(d为新增纵筋和原有纵筋直径的较小值),且不应小于100mm,短钢筋间的中距不应大于500mm。

2 箍筋应采用封闭箍筋或U形箍筋。当用混凝土围套进行加固时,应设置封闭箍筋;当用单侧或三侧加固时,应设置U形箍筋。U形箍筋应焊在原箍筋上,单面焊缝长度为$10d$,双面焊缝长度为$5d$(d为钢筋直径)。

6.3.5 新增混凝土截面混凝土配合比

混凝土应按现行行业标准《普通混凝土配合比设计规程》JGJ 55、地方标准的有关规定，根据混凝土强度等级、耐久性和工作性等要求进行配合比设计。

6.3.6 模板架设

混凝土模板支架的搭设应不影响原结构的安全，便于施工操作、拆卸；模板与原构件的搭接周边应封闭密实，防止浆液外漏，混凝土浇筑进料口应设置在便于操作的部位。

6.3.7 混凝土施工

在一般情况下，新增混凝土截面的厚度较小，模板与原构件混凝土表面间还布有钢筋，保证混凝土浇筑密实的难度很大，因此应分段浇筑，每次投料多少要根据现场实际情况确定，并应充分振捣。

6.3.8 混凝土养护

1 应在浇筑完毕后的 24h 以内对混凝土加以覆盖并保湿养护。

2 混凝土浇水养护的时间：对采用硅酸盐水泥、普通硅酸盐水泥拌制的混凝土，不得少于 7d；对采用矿渣硅酸盐水泥拌制的混凝土，不得少于 14d；对有抗渗要求的混凝土，不得少于 21d。

3 浇水次数应能保持混凝土处于湿润状态；混凝土养护用水应与拌制用水相同。

4 采用塑料布覆盖养护的混凝土，其敞露的全部表面应覆盖严密，并应保持塑料布内表面有凝结水。

5 混凝土强度达到 $1.2N/mm^2$ 前，不得在其上踩踏或安装模板及支架。

注：1. 当日平均气温低于5℃时，不得浇水。

2. 当采用其他品种水泥时，混凝土的养护时间应根据所采用水泥的技术性能确定。

3. 混凝土表面不便浇水或使用塑料布时，宜涂刷养护剂。

6.3.9 强度试件的留取

结构构件新增混凝土施工及强度的抽样与试件留置应按现行国家标准《混凝土结构工程施工质量验收规范》GB 50204 的规定执行。当结构构件新增混凝土采用喷射混凝土技术施工时,应按现行《喷射混凝土加固技术规程》CECS 161 的规定执行。

6.4 施工质量检验

6.4.1 钢筋安装

钢筋安装位置的允许偏差应符合表 6.4.1 的规定。

钢筋安装位置的允许偏差和检查方法　　表 6.4.1

项　目			允许偏差(mm)	检查方法
绑扎钢筋网	长、宽		±10	钢尺检查
	网眼尺寸		±20	钢尺量连续三档,取最大值
绑扎钢筋骨架	长		±10	钢尺检查
	宽、高		±5	钢尺检查
受力钢筋	间距		±10	钢尺量两端、中间各一点,取最大值
	排距		±5	
	保护层厚度	基础	±10	钢尺检查
		柱、梁	±5	钢尺检查
绑扎钢筋、横向钢筋间距			±20	钢尺量连续三档,取最大值
钢筋弯起点位置			20	钢尺检查
预埋件	中心线位置		5	钢尺检查
	水平高差		+5,0	钢尺和塞尺检查

6.4.2 模板安装

模板安装满足现行国家标准《混凝土结构工程施工质量验收规范》GB 50204 中模板分项工程的相关规定。

6.4.3 新增混凝土外观质量及尺寸

新增截面混凝土的外观质量不应有蜂窝、孔洞、疏松、露筋、夹渣、裂缝等严重缺陷,也不宜有一般缺陷。混凝土结构的尺寸偏差应符合表 6.4.3 的规定。

结构尺寸允许偏差和检查方法　　　表 6.4.3

项目		允许偏差(mm)	检查方法
轴线位置	基础	15	钢尺检查
	独立基础	10	
	墙、柱、梁	8	
	剪力墙	5	
垂直度	层高 ≤5m	8	经纬仪或吊线、钢尺检查
	层高 >5m	10	经纬仪或吊线、钢尺检查
	全高(H)	$H/1000$ 且 ≤30	经纬仪或钢尺检查
标高	层高	±10	水准仪或拉线、钢尺检查
	全高	±30	
截面尺寸		+8，-5	钢尺检查
表面平整度		8	2m靠尺和塞尺检查
预埋设施中心线位置	预埋件	10	钢尺检查
	预埋螺栓	5	
	预埋管	5	
预留洞中心线位置		15	钢尺检查

6.4.4 新增混凝土强度

混凝土的强度等级必须符合设计要求。若新增截面混凝土强度达不到设计要求或对强度有怀疑时，可采用现场检测方法，如回弹法、钻芯法及拔出法等，推定新增截面混凝土强度。

6.4.5 新旧混凝土界面粘结情况检测

为了保证新旧混凝土共同工作的能力，确认界面粘结是否良好，可采用以下方法进行检查：

1 敲击法

或称声波反射法，采用小锤轻轻敲击新浇混凝土表面，若有空响声，表明新旧混凝土界面粘结不好。当混凝土厚度较大时，采用此法不易判断。

2 钻芯法

采取钻取小芯样直接观察混凝土的密实度和新旧混凝土之间的粘结情况。该法检查虽然有效、直观，但钻点的数量不宜太多。主要用于开始加固时，加固施工工艺是否合适的检查，以及加固完成后的抽检。

钻取出的芯样，也可通过劈裂试验来评判新旧混凝土间的粘结强度是否满足加固要求。

3　拔拉法

用取芯机在新增的混凝土表面钻芯，芯样的深度应超过新旧混凝土之间的结合面至少50mm以上。在芯样表面用结构胶粘贴试块，待结构胶固化后，用拉拔仪将芯样试件拔出，观察芯样的断裂位置。断裂位置有三种情况：一是新旧混凝土之间的结合面断裂；二是从新增混凝土断裂；三是在原有混凝土层中断裂。其质量评定如下：第一种情况，说明混凝土基层表面处理有问题，没有达到质量要求；第二种情况，若是新增混凝土设计强度等级比原有混凝土强度高，应对新增混凝土的强度进行检测鉴定，新增混凝土设计强度是否满足设计要求；第三种情况，若是新增混凝土设计强度等级比原有混凝土强度高，断裂部位属正常。

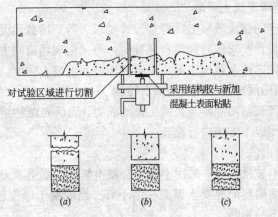

图 6.4.5　拉拔粘结试验示意图
(a)基层断裂；(b)结合部断裂；(c)面层断裂

4 盛水法

俗称关水试验。将新浇混凝土部位围上，围的范围超过新旧混凝土结合面，关水时间和水头高度，可根据要求确定。观察新旧结合面是否变形协调一致，在新旧混凝土结合处无水迹、渗水、滴漏等现象为合格。

7 外包钢加固

7.1 外包钢加固的特点

7.1.1 基本概念

外包钢加固法是采用横向缀板或套箍为连接件，将型钢或钢板包在原构件表面、四角或两侧，以减轻或取代原构件受力的一种间接加固法。

采用外包钢加固，原结构构件截面尺寸增加不多，但承载能力和抗震能力可大幅度提高。加固后原构件混凝土受外包缀板的约束变成三向受力的约束混凝土，从而增加了结构的延性；加固不需要模板；现场施工速度较快，适宜于柱、梁、筒体承载力不足，以及排危抢险加固。该加固方法受使用环境限制，费用较高，有时需要特制的夹具；外包钢需进行防腐处理，以提高耐久性。

7.1.2 构件加固形式

外包钢与加固构件连接方式可分为干式和湿式两种。干式外包钢加固法是直接将型钢或钢板外包于被加固构件，有时虽填有水泥砂浆，但并不能确保结合面剪力和拉力的有效传递，因此，外包钢架与原混凝土构件不能整体工作，彼此只能单独受力，这种方式多用于特殊的加固部位和需要干作业的地方。

在一般情况下，外包钢加固主要采用的是湿式，湿式能提高外包钢架与原混凝土构件整体工作的协调能力；对原有混凝土构件产生套箍增强作用，轴心抗压强度有所提高。湿式外包钢加固法又分为两种：一种是采用乳胶水泥浆粘贴或化学灌浆等方法粘结，以期使型钢架与原混凝土构件共同受力；另一种是型钢与被加固构件之间留有一定的间距，浇筑混凝土将型钢包裹在其中，这种形式实际是外包钢的增大截面法。由上述可以看出，干式外

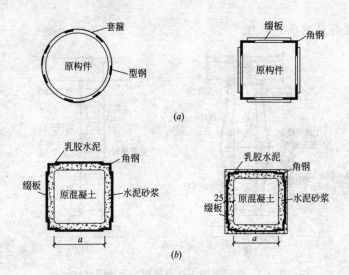

图 7.1.2 外包钢加固示意图
(a)干式外包钢加固；(b)湿式外包钢加固

包钢加固的过程与湿式外包钢加固相近，但工艺比湿式外包钢加固简单。本章按湿式外包钢加固施工方法叙述。

7.1.3 预应力撑杆加固

从型钢的制作安装可分两种工艺：一种是型钢骨架根据构件的实际长度下料制作后直接安装，在其后的使用过程中逐渐受力；另一种是使外包型钢骨架在焊接安装时就开始受力，在其后的使用过程中，与被加固构件能更好地共同工作，此法称为"预应力撑杆加固"。这种方法主要用于柱的加固，根据工程需要有双侧撑杆加固与单侧撑杆加固两种形式。

1 双侧撑杆加固

双侧撑杆加固，一般由四根角钢构成。首先构件下料应比构件实际长度略长，用连接板连成两组撑杆骨架。为达到预应力撑杆结构加固的目的，在加工的型钢骨架一侧中部切出 V 形槽，使型钢骨架向 V 形槽一侧切口处弯曲，型钢骨架安装时，采用夹具让型钢骨架撑直受力，然后焊接缀板。双侧撑杆结构如图 7.1.3-1 所示。该方法适用于提高轴心受压以及有正负弯矩的偏心受压柱的承载能力。

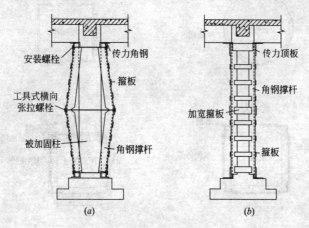

图7.1.3-1 钢筋混凝土柱双侧预应力加固撑杆构造
(a)未施加预应力；(b)已施加预应力

2 单侧撑杆加固

单侧撑杆加固与双侧撑杆加固的区别是：只在的一侧有撑杆（见图7.1.3-2），单侧撑杆安装在偏心受压柱的受压一侧。该方

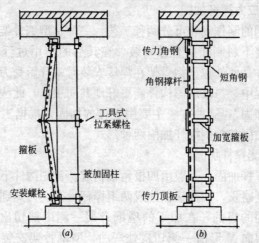

图7.1.3-2 钢筋混凝土柱单侧预应力加固撑杆构造
(a)未施加预应力；(b)已施加预应力

法适用于补强有大偏心或小偏心的偏心受压构件。

7.2 型钢、焊接材料、防腐材料

7.2.1 型钢、钢板的品种、规格和性能应符合设计要求和现行国家标准《碳素结构钢》GB 700、《低合金高强度钢》GB 1591的规定。严禁使用改制钢材及钢号不明的钢材。型钢、钢板进场时，应按现行国家标准《钢结构工程施工质量验收规范》GB 50205 的规定抽取试件作力学性能检验，其质量必须符合有关标准的规定。

7.2.2 焊接材料的品种、规格、型号和性能应符合设计要求。焊接材料进场时应按现行国家标准《碳钢焊条》GB/T 5117、《低合金钢焊条》GB/T 5118 等的要求进行检查和验收。当设计有复验要求时，应按设计规定的抽样方案进行抽样检验。

7.2.3 焊条应无损伤、锈蚀、掉皮等影响焊条质量的缺陷；焊条、焊剂、药芯焊丝、熔嘴等在使用前，应按其产品说明书及焊接工艺文件的规定进行烘焙。

7.2.4 型钢、钢板的尺寸偏差及外观质量应进行检查和评定，其质量应符合按现行国家标准《钢结构工程施工质量验收规范》GB 50205 的规定。

7.2.5 防腐蚀及防火涂料的品种、规格、性能应符合设计要求。防腐蚀涂料质量必须符合现行国家标准《钢结构工程施工质量验收规范》GB 50205 的规定和有关环境保护的要求。

7.3 施工方法

7.3.1 施工工艺流程

外包钢加固施工工艺流程框图见图 7.3.1。

7.3.2 浇筑混凝土或抹灰前，应对以下项目按隐蔽工程要求进行验收：

 1 原结构的尺寸偏差；
 2 界面处理质量；

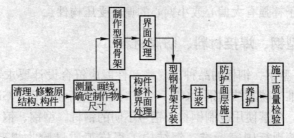

图 7.3.1 外包钢加固施工工艺流程框图

3 新增钢筋或锚栓与原构件的连接构造。

7.3.3 型钢骨架制作

1 型钢骨架及钢套箍的部件，应在现场按被加固构件的实际外围尺寸进行制作。其部件上预钻的孔洞和切口的位置、尺寸和数量应符合设计图纸的要求。

2 钢部件及其连接件不应有影响结构性能、使用性能和安装性能的尺寸偏差，对超过尺寸允许偏差的部位，应按设计提出的技术处理方案，处理后重新检查验收。

3 钢部件制作的质量应符合现行国家标准《钢结构工程施工质量验收规范》GB 50205 的规定。

7.3.4 界面处理

1 混凝土表面清理、打磨和糙化处理应符合设计要求。若设计无特殊要求，当采用乳胶水泥或水泥砂浆粘贴湿式外包钢，应按第 6.3.3 条进行清理和凿毛，但不打成沟槽；外包钢采用环氧树脂化学灌浆，应按第 2.3.3 条进行处理。

2 原构件混凝土截面的棱角应进行圆化打磨；圆化半径应不小于 7mm，磨圆的混凝土表面应无松动的碎块。

3 型钢骨架及钢套箍与混凝土贴合面应分别进行糙化处理，糙化的纹路方向应尽量垂直于该构件受力方向。

7.3.5 型钢骨架安装

1 乳胶水泥浆、水泥砂浆应按照设计要求配制。当采用乳胶水泥浆湿式外包钢施工时，应在型钢和混凝土贴合处分别涂抹乳胶水泥浆，厚度约 5mm，立即将型钢骨架贴合安装，型钢周边应有少量乳胶水泥挤出。

2 型钢骨架各肢的安装，应采用专门的卡具以及钢箍和垫片等箍紧、顶紧；安装后的钢骨架与原构件表面应紧贴，接触面应在 80% 以上，钢骨架无松动和晃动。

3 型钢骨架各肢安装就位后，应与缀板、箍板以及其他连接件等进行焊接。焊缝应平直、均匀，无虚焊、漏焊，焊缝的质量应符合现行行业标准《建筑钢结构焊接技术规程》JGJ 81 的要求。

4 用乳胶水泥浆或水泥砂浆粘贴湿式外包钢施工，当型钢骨架焊接完成后，缀板及因施工造成型钢骨架未填乳胶砂浆或水泥砂浆的部位，按照原工艺及配比重新填实。

7.3.6 灌浆施工

1 外包钢采用环氧树脂化学灌浆，型钢骨架上注胶孔、排气孔的位置与间距应符合设计图纸的规定。型钢骨架构件及其缀板周边与混凝土之间的缝隙应采用封缝胶封堵密实。安装在钢架构件上的注胶装置，应用封缝胶粘结固定并密封其周边，封缝胶固化后，应进行通气试压。若发现有漏气处，应及时修补。

2 外包钢采用环氧树脂化学灌浆，注胶设备及其配套装置在注胶前进行适用性检查和试压；灌注用胶黏剂的试配，其初始黏度测定，以及注浆施工的操作规定，可按第 11.5 节的要求进行。

3 外包钢采用环氧树脂化学灌浆，注胶施工结束后，在 72h 固化期间，被加固部位不得受到撞击和振动的影响。养护环境的气温应符合胶粘剂产品说明书的要求。

7.4 施工质量检验

7.4.1 型钢骨架及其套箍的安装尺寸偏差，应符合现行国家标准《钢结构工程施工质量验收规范》GB 50205 的规定。型钢骨架焊缝应符合现行行业标准《建筑钢结构焊接技术规程》JGJ 81

的规定。

7.4.2 外包钢采用环氧树脂化学灌浆，在注胶施工的同时，应选择被加固构件不注胶的部位，以相同的胶粘剂按相同的工艺条件在混凝土表面上粘贴钢标准块。待胶粘剂完全固化后，按第16.2节的方法进行钢-混凝土粘结正拉强度检验，其检验结果应满足评定标准的要求。

7.4.3 被加固构件外包钢施工完成后的外观质量，应无变形和污渍，无淌胶、凝胶等残留物。

7.4.4 被加固构件外包钢施工完成后，应检查其乳胶粘贴层或注胶层的饱满度，当采用敲击法检查时，其空鼓面积率不应大于5%。

7.4.5 防腐蚀涂料施工质量必须符合现行国家标准《钢结构工程施工质量验收规范》GB 50205的规定。

7.4.6 新增截面混凝土的外观质量及尺寸，按第6.4.3条的要求检查验收。

8 置换混凝土加固

8.1 置换混凝土加固的特点

8.1.1 基本概念

剔除原构件低强度或有缺陷区段的混凝土至一定深度，重新浇筑同品种但强度等级较高的混凝土进行局部增强，以使原构件的承载力得到恢复的一种直接加固法。

该方法施工简便，在一般情况下对周边影响小，直接加固费用不高。适用于使用中受损伤、高温、冻害、侵蚀的构件或施工差错引起局部混凝土强度不能满足设计要求的部位。为保证置换效果，施工前多数情况下应对构件进行卸载，新旧混凝土结合面粘结必须可靠。

8.1.2 构件置换形式

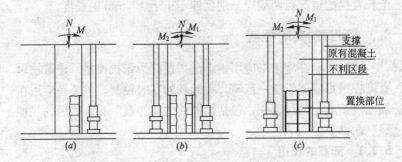

图 8.1.2-1　柱置换混凝土加固法示意图
(a)单侧置换；(b)双侧置换；(c)全截面置换

8.1.3 基本要求

1 有时置换是一项非常危险的施工过程，因此施工前应对施工安全进行一个评估。若施工对结构或构件的受力或安全有影

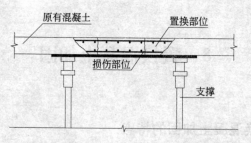

图 8.1.2-2 板置换混凝土加固法示意图

响,应对其结构或构件在施工全过程中的承载状态进行验算,以便制定合理的施工方案。对影响结构安全的构件应有专门的监控方案和应急处理措施。

2 置换混凝土的强度等级应比原构件混凝土提高至少一级,且不应低于C25。置换后的混凝土应能保证与原构件共同变形协调工作。

3 混凝土的置换深度,板不应小于40mm;梁、柱采用人工浇筑时不应小于60mm,采用喷射法施工时不应小于50mm。置换长度应按混凝土强度和缺陷的检测及验算结果确定,但对非全长置换的情况,两端应分别延伸不小于100mm的长度。

8.2 卸载的实时控制

实时控制在施工中应用很广泛,预应力张拉控制、建筑物垂直度控制都应属于这一范畴。而卸载的实时控制,主要是应用在加固改造施工的过程中,包括加固前的"卸载"和加固后的"加载"两部分。

8.2.1 卸载的作用

1 卸载是保证混凝土构件加固后,原有结构与新加结构共同工作,减少应力滞后的重要手段。在加固施工过程中,如果在不卸载的情况下直接对结构构件进行加固,那么新加结构部分往往不能及时进入受力状态,新旧结构间的受力有时相差很大,影响结构的受力性能。当加固施工质量不能满足设计要求时,原有结构在接近破坏时新加结构部分才开始受力,这时是非常危险的,如果设计没有考虑这种情况,破坏是不可避免的。

2 监控卸载可以在调整结构的受力分配上做到心中有数。尤其是改变传力路径、控制卸载量的大小是非常必要的。

3 卸载是保证施工安全的一项重要措施。在加固施工过程中,开始往往对原有结构或构件有一定损伤,或承载力有所降低,而这时结构或构件是处于高应力状态,如果没有卸载作保障,是非常危险的。

8.2.2 监控手段

卸载的实时控制必须要有相应的仪器设备作为监控手段,按功能可大致分为如下几个方面:

1 卸载时的力值测量,可使用千斤顶所带压力表、压力(或拉力)传感器等。

2 结构及构件位移及变形测量,可使用百分表、全站仪、水准仪、经纬仪等。

3 结构及构件应力测量,可使用应变仪、应变片、千分表等。

具体使用何种设备和仪器,应根据荷载的大小、结构位移及变形的大小、周边环境等情况确定。

8.2.3 卸载的方法

1 卸载的技巧性很强。如对梁底进行粘钢加固时,梁下部对钢板的支顶,本来的作用是对钢板进行加压,以利于粘结,此时控制加更大的力值,同时能起到卸载的作用,使钢板在支撑拆除后能及时受力。

2 加固时结构构件应力很小,可不进行卸载。不是任何加固改造都需要进行卸载,如小面积的墙体或板的混凝土置换,对周边的应力分布不会造成大的影响时,可不进行卸载。

3 卸载的支撑结构应通过计算确定。计算中应考虑满足强度、变形及稳定要求。卸载的传力路径应简单、明确,其所承受的荷载应尽量传递到地面或可靠的结构构件上。在高层建筑上部的加固过程中，如果要将支撑卸下的荷载直接传到地面，搭架的工程量都很大，因此，在可能的情况下，应把荷载逐层卸在上部几层楼面上，通过柱传至基础。

4 卸载的监控点应设置在关键的部位，对其荷载、位移、变形、应力中的部分指标进行监测。在实施卸载之前，就应通过计算得出控制的数据，以便监控时掌握判断。在卸载过程中，如果发现理论计算值与实际监测值相差较大时，应停止卸载找出原因。

5 当加固完成后，在支撑体系卸载、被加固结构构件加载的过程中，应考虑支撑体系卸载的先后顺序、对应力重新分布情况的影响、被加固结构构件的受力支点的正确位置以及结构加固效果的评估。

6 对于重要的或受荷较大的结构或构件，应根据加固方法，构件受力特点，制定出合适的方案，其中包括：被加固构件卸载的力值、卸载点的位置确定、卸载顺序、卸载点的位移控制以及加固施工完成后重新加载受力的程序都是很重要的方面。

7 当卸载的支撑结构受力特别大时，应有其他相应的安全措施，保证被卸载结构和相关结构的安全。

8.3 施工方法

8.3.1 施工工艺流程

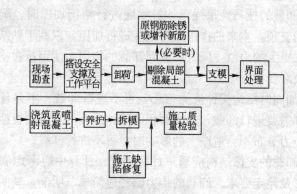

图 8.3.1 局部置换混凝土施工工艺流程框图

8.3.2 卸载的实施，具体见第8.2节内容。

8.3.3 混凝土局部剔除及界面处理

1 剔除被置换的混凝土时，应按规定的方法、步骤和要求剔除。剔除过程中不得损伤钢筋；若受到损伤，应由施工单位提出技术处理方案，并经设计和监理单位认可后进行处理；处理后应重新检查验收。

2 新旧混凝土结合面的界面处理应符合设计要求及第6.3.3条的规定。

3 当新旧混凝土结合面涂刷水泥浆时，其涂刷质量应符合设计要求。当采用化学界面剂时，其涂刷质量应符合产品使用说明书的要求。

8.3.4 混凝土施工

1 置换混凝土需补配钢筋或箍筋时，其安装位置及其与原钢筋焊接方法，应符合设计规定；其焊接质量应符合现行行业标准《钢筋焊接及验收规程》JGJ 18的要求；若发现焊接伤及原钢筋，应立即会同设计单位进行处理。

2 采用普通混凝土置换，参照第6.3节要求施工，其施工过程的质量控制，应符合现行国家标准《混凝土结构工程施工质量验收规范》GB 50204的规定。

3 采用喷射法，参照第10章要求施工，其施工过程的质量控制，应符合现行《喷射混凝土加固技术规程》CECS 161和现行国家标准《混凝土结构工程施工质量验收规范》GB 50204的规定。

4 混凝土浇筑完毕后，应按施工技术方案及时进行养护；养护的措施应符合现行国家标准《混凝土结构工程施工质量验收规范》GB 50204的规定。

5 置换混凝土的底模及其模板拆除时，其混凝土强度应达到设计规定的强度等级。

8.3.5 支架拆卸

支架拆卸时，混凝土强度应满足设计要求。拆卸顺序、拆卸的位移控制或应力控制应符合设计规定及施工技术方案的要求。

8.4 施工质量检验

8.4.1 新浇混凝土的外观质量应符合现行国家标准《混凝土结构工程施工质量验收规范》GB 50204 的规定。不应有严重缺陷，也不宜有一般缺陷。对已经出现的严重缺陷和一般缺陷，应由施工单位提出技术处理方案，并经设计和监理单位认可后进行处理。处理后应重新检查验收。

8.4.2 新置换混凝土截面的尺寸偏差应符合现行国家标准《混凝土结构工程施工质量验收规范》GB 50204 的规定。

8.4.3 新旧混凝土的结合情况，可按第 6.4.5 节的方法进行检测。

8.4.4 钢筋保护层厚度的抽样检验数量、检验方法以及合格评定标准应符合现行国家标准《混凝土结构工程施工质量验收规范》GB 50204 的规定。

9 体外预应力加固

9.1 体外预应力加固的特点

9.1.1 基本概念

体外预应力加固是后张预应力体系的一个分支,这种加固方法是沿结构构件表面铺设预应力筋,通过合适的预应力值,以改善原结构的应力变形状态,以提高结构的承载能力,从而达到加固的目的。

预应力加固法没有应力滞后的的缺陷,施工简便,造价较低,便于在结构使用期内检测、维护和更换,适用于一般梁板结构、框架结构、桁架结构加固。由于预应力束布置在结构体外,因此需要考虑材料的耐久性、防火、防锈措施,此外,预应力筋材料外露,有时会影响观瞻和使用功能。

9.1.2 构件张拉形式

该方法是一种主动加固法,它不但能通过合适的预应力值,使原构件的受力性质得到改变或受力大小得到调整,增加结构的抗弯或抗剪承载能力,同时,还可减小梁的挠度和缩小原构件的裂缝宽度。应注意的是,在体外预应力混凝土结构中,任一截面处预应力筋的应变变化值与该处混凝土的应变变化值不相同。

构件张拉形式见图 9.1.2。水平拉杆适用于正截面受弯承载力不足的加固;下撑式拉杆适用于斜截面受剪承载力、正截面受弯承载力不足的加固;组合式拉杆适用于正截面受弯承载力严重不足,而斜截面受剪承载力略为不足的加固;连续折线式适用于连续梁板结构承载力不足的加固,构件应力、变形的调整。

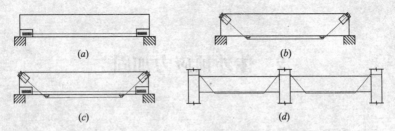

图 9.1.2 构件张拉示意图
(a)水平拉杆；(b)下撑式拉杆；(c)组合式拉杆；(d)连续折线式拉杆

张拉方式：预应力值较大时，宜用机械法张拉或电热法张拉；预应力值较小时，可用横向张拉、竖向张拉及花篮螺栓等张拉方法。

9.1.3 基本要求

1 被加固的混凝土结构构件，按现场检测结果确定的原构件混凝土强度等级不应低于 C25。

2 下列情况不宜采用预应力加固：抗震设防烈度超过 8 度的结构；处于高温环境又无隔热措施、构件表面温度高于 60℃ 的结构；处于具有化学侵蚀性介质的环境中的结构。

3 正式张拉给构件建立预应力前，应进行预拉，以消除机构间的间隙，进一步调直预应力筋，检验张拉系统的可协调性和操作性。

4 用预应力筋加固连续板时，预应力筋的弯折点位置宜设置在反弯点附近。这样预应力产生的向上托力较为显著，能够起到减少板跨的作用。

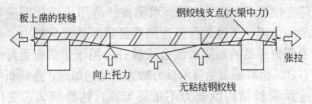

图 9.1.3 预应力加固连续板

9.2 锚具、预应力筋

9.2.1 混凝土结构或构件进行体外预应力加固,预应力筋的选择可以很广泛,今后可能还会采用碳纤维制品。不论用何种材料,预应力筋进场时,应根据其品种分别按照相应的现行国家标准的规定抽取试件做力学性能检验,其质量必须符合相关标准的规定。

9.2.2 预应力筋用锚具、夹具和连接器应按设计要求采用,其性能应符合现行国家标准《预应力筋用锚具、夹具和连接器》GB/T 14370 的规定和设计的要求。

9.2.3 预应力筋、锚具、夹具和连接器使用前应进行外观检查,其表面应无污物、锈蚀、机械损伤和裂纹。

9.3 施工方法

9.3.1 施工工艺流程

体外预应力加固施工工艺流程框图见图 9.3.1。

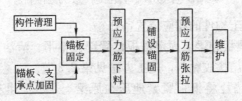

图 9.3.1 预应力施工工艺流程框图

9.3.2 被加固构件的表面不但应按本书第 1.1.3 条的要求进行修整,对安装锚板和导向构件的部位还应进行整平,保证安装的精度,该部位混凝土局压不能满足加固要求应采取措施。

9.3.3 锚板的固定

1 从现在的观点看,损害混凝土构件来锚固预应力筋的方法是不妥当的(见图 9.3.3-1)。

2 首先在锚板和导向构件上按照设计要求位置划线钻孔,

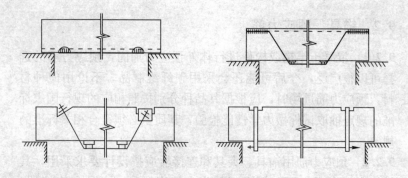

图 9.3.3-1 不妥当的锚固方式

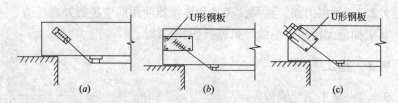

图 9.3.3-2 预应力筋锚固方法
(a)锚板固定；(b)U形箍板固定；(c)U形肋板固定

然后在混凝土构件的相应位置钻孔。

3 将锚板和梁上固定锚板位置部位整平、清洁干净，分别均匀涂一层结构胶粘剂，施工方法见第 2.3 节。

4 用锚栓将钢板紧紧地压在原梁上，以产生粘结力和摩擦力。

9.3.4 垫板的安装

1 在下撑式预应力筋弯折处的原梁底面上，应设置支承钢垫板，其厚度不小于 10mm，宽度不小于厚度的 4 倍，长度应与被加固梁的宽度相等。支承钢垫板应设置钢垫棒或钢垫板，钢垫棒直径应不小于 20mm，长度应不小于被加固梁的宽度加上预应力筋直径的 2 倍再加上 40mm。有时为了减小摩擦损失，在垫棒上套上一个与梁同宽的钢筒。

2 首先在锚板和导向构件上按照设计要求位置划线钻孔，

然后在混凝土构件的相应位置钻孔。

3 将锚板和梁上固定锚板位置部位整平、清洁干净，分别均匀涂一层结构胶粘剂，施工方法见第2.3节。

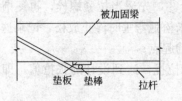 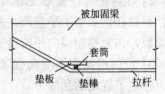

图9.3.4 垫板与预应力筋的弯折构造关系

9.3.5 预应力筋的铺设和锚固

1 由于构件尺寸的偏差和锚板安装的误差，每一根预应力筋都应通过实际丈量后下料；

2 铺设预应力筋，并进行初步固定；

3 将预应力筋锚固在钢板或锚具上。若采用的是焊接方法锚固，锚板与混凝土间的粘结采用的是结构胶粘剂时，应采取措施保证结构胶粘剂不被碳化。

9.3.6 预应力筋张拉

建立预加应力的方法，是在加固筋两端被锚固的情况下，迫使加固筋由直变曲或收紧，使其产生拉伸应变，从而在加固筋中建立预应力。以下介绍几种建立预应力的方法，主要是给应用者一种启示。根据工程情况不同，设计的装置不一样，还可以创造许多不同建立预应力的方法。

1 千斤顶张拉法

用千斤顶在预应力筋的顶端进行张拉并锚固的方法，按一般后张法施工。

2 横向收紧法（见图9.3.6-1）

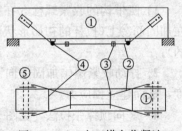

图9.3.6-1 人工横向收紧法张拉预应力
①—原梁；②—加固筋；③—U形螺栓；④—撑杆；⑤—高强螺栓

85

横向收紧法其形式可分为弯折的下撑式和直线式。

1) 每隔一定距离用撑杆④(角钢或粗钢筋)撑在两根加固筋②之间;

2) 在撑杆间设置 U 形螺栓③,先适当拉紧螺栓,再逐渐放松,至拉杆仍基本上平直而并未松弛弯垂时停止放松,记录这时的读数,作为控制横向张拉量的起点;

3) 把两根加固筋横向收紧拉拢,达到设计的张拉值,即在其中建立了规定的预应力。

3 竖向收紧张拉法［见图 9.3.6-2(a)］

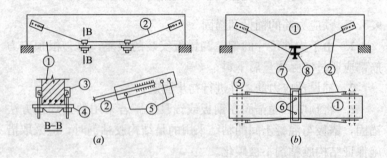

图 9.3.6-2 人工竖向张拉预应力筋
(a)竖向收紧张拉法;(b)竖向顶撑张拉法
①—原梁;②—加固筋;③—收紧螺栓;④—钢板;⑤—高强螺栓;
⑥—顶撑螺丝;⑦—上钢垫板;⑧—下钢撑板

1) 使带钩的收紧螺栓③在穿过带加强肋的钢板④后,被钩在加固筋②上(拉杆的初始形状可以是直线的,亦可以是曲线形的);

2) 拧动收紧螺帽加固筋向下移动,使其由直变曲或增加曲度,从而建立预应力。

4 竖向顶撑张拉法［见图 9.3.6-2(b)］

1) 将顶撑装置安装在规定的位置(顶撑装置包括:固定在梁底面的上钢板、焊接在加固筋上的下钢板和其上焊装的螺母);

2) 当拧动顶紧螺栓⑥时,上、下钢板的距离变大,迫使加固筋下移，从而建立了预应力。

　　5　电热张拉法

　　1) 对加固筋通以低电压的大电流，使加固筋发热伸长；

　　2) 伸长值达到要求后切断电流，并立即将两端锚固；

　　3) 加固筋恢复到常温而产生收缩变形，在加固筋中建立了预应力。

9.3.7　预应力筋和锚固件的维护

　　对预应力筋的防火和防锈保护，可采用钢套管或塑料套管，内灌水泥浆保护，套管外刷防火涂料。

　　锚固板和中间支承点应刷防火涂料。

9.4　施工质量检验

9.4.1　拉杆在安装前必须进行调直、校正、拉杆几何尺寸和安装位置必须准确，尺寸偏差应在设计规定的允许范围内。

9.4.2　预应力锚固件必须传力可靠，在张拉时不能发生任何移动和变形。在预应力筋张拉完成后，应对每个锚固件进行检查，若不能满足要求，应替换后重新张拉。

9.4.3　通过预拉建立张拉量的起点，张拉量应控制在设计规定的范围内。同一根构件的每根预应力筋的张拉量应相同。

9.4.4　中间支承点应保证预应力筋定位牢固、过渡圆滑。

9.4.5　预应力水平拉杆或预应力下撑式拉杆中部的水平段与被加固梁下缘之间的净空，一般不应大于80mm，以30～50mm为宜。预应力下撑式拉杆其斜段宜紧贴在被加固梁的两侧。

10 绕丝加固和喷射混凝土加固

10.1 绕丝加固的特点

10.1.1 基本概念

1 绕丝法

绕丝法是在构件外表面按一定间距缠绕经退火后的钢丝,使混凝土受到约束作用,从而提高其承载力和延性的一种直接加固法。

该方法施工简便,利用了混凝土三向受力可以提高其单轴抗压强度的原理,改善了构件的抗震性能。梁用绕丝法加固后,具有良好的约束斜裂缝和变形的能力,强度也有一定提高。

2 喷射混凝土法

喷射混凝土法是采用压缩空气将一定比例配合的混凝土拌合料,通过管道输送并以高速高压喷射到受喷表面的一种加固方法。混凝土拌合料在喷枪中喷出前加水的为干喷法,见图 10.1.1(a)。混凝土拌合料加水拌合后,再从泵中输送喷射的为湿喷法,见图 10.1.1(b)。

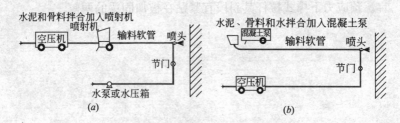

图 10.1.1 喷射混凝土施工示意图
(a)干喷法施工过程;(b)湿喷法施工过程

由于喷射的高速高压作用，提高和改善了被加固结构二次组合界面的粘结性能及整体共同工作性能。该方法施工速度快、效率高，可用于建筑物和构筑物的加固，也可用于混凝土构件缺陷的修补。但施工时粉尘较大，应采取防护措施。

10.1.2 构件的加固形式

绕丝法加固主要用于梁、柱构件，其缠绕形式见图10.1.2。

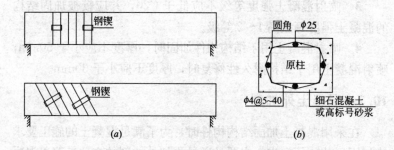

图 10.1.2 绕丝法加固示意图
(a)梁绕丝加固；(b)柱绕丝加固

从哈尔滨工业大学钢筋混凝土柱绕丝加固试验数据可以看出，构件的承载力有限，柱的承载力能提高到9%左右，但延性能得到较大改善（见表10.1.2）。同济大学的试验也反映了这一规律。哈尔滨工业大学进行的钢丝绳缠绕轴压短柱加固试验，表明缠绕钢丝绳能有效地约束混凝土侧向变形，显著提高轴压短柱的延性，其延性的提高明显大于强度的提高幅度。随着约束比的增大，提高幅度均增大。

哈尔滨工业大学钢筋混凝土柱绕丝加固试验结果　　表 10.1.2

绕丝间距(mm)	承载力提高	纵筋的应变提高	混凝土的应变提高
60(0.0058)	3%		
40(0.0087)	5.4%	17%	37%
20(0.0174)	9.2%	76%	67%

注：括号内数据为配箍率。

10.1.3 基本要求

1 绕丝法构件的混凝土强度等级按现场检测结果推定不应低于C10级。由于混凝土强度提高后，其约束作用显著下降，因此强度等级不得高于C50。

2 若绕丝法柱的截面为方形，其长边尺寸h与短边尺寸b之比应不大于1.5。

3 喷射混凝土强度等级不应低于C20，并应较被加固结构的混凝土强度等级高1~2等级。

4 喷射混凝土用于结构构件加固时，厚度不应小于50mm；喷射混凝土用于结构耐久性修复时，厚度不应小于30mm。

10.2 混凝土外加剂

在采用混凝土加固结构构件时，为了满足混凝土的施工要求或加固后的使用要求，主要是通过添加外加剂的方法来改善混凝土的性能。在加固工程中，外加剂常用的品种有：膨胀剂、减水剂和速凝剂。

10.2.1 混凝土掺用的外加剂进场时，应对其品种、型号、包装、出厂日期等进行检查，其性能指标和匀质性指标应符合现行国家标准《混凝土外加剂》GB 8076的规定。

10.2.2 外加剂的使用应符合现行国家标准《混凝土外加剂应用技术规范》GB 50119的要求。

10.2.3 加固混凝土掺用的膨胀剂，其性能指标应符合表10.2.3规定，并应对凝结时间、水中7d的限制膨胀率、抗压强度进行复验。

混凝土膨胀剂性能指标　　　　表10.2.3

	项　目		指标值	使用标准
化学成分	氧化镁(%)	≤	5.0	GB/T 176
	含水率(%)	≤	3.0	JC 477
	总碱量(%)	≤	0.75	GB/T 176
	氯离子(%)	≤	0.05	JC/T 420

续表

项目				指标值	使用标准
物理性能	细度	比表面积(m²/kg) ≥		250	GB/T 8074
		0.08mm 筛筛余(%) ≤		12	GB/T 1345
		1.25mm 筛筛余(%) ≤		0.5	参照 GB/T 1345
	凝结时间	初凝(min) ≥		45	GB/T 1346
		终凝(h) ≤		10	
	限制膨胀率(%)	水中	7d ≥	0.025	JC 467
			28d ≤	0.10	
		空气中	21d ≥	−0.020	
	抗压强度(MPa)≥	7d		25.0	GB/T 17671
		28d		45.0	
	抗折强度(MPa)≥	7d		4.5	
		28d		6.5	

注：细度用比表面积和 1.25mm 筛筛余或 0.08mm 筛筛余和 1.25mm 筛筛余表示，仲裁检验用比表面积和 1.25mm 筛筛余。

10.2.4 当喷射混凝土中掺加速凝剂时，应采用无机盐类速凝剂，并应符合下列规定：

1 选择速凝剂时应考虑所用水泥与速凝剂的相容性，且掺入速凝剂的喷射混凝土的性能必须符合设计要求。

2 所采用的速凝剂应有出厂合格证，在使用前应按出厂使用说明书的要求进行水泥凝结时间检验，其初凝时间不应超过 5min，终凝时间不应超过 10 min。

3 粉状速凝剂在运输和存放过程中应保持干燥，防止受潮变质；过期或受潮变质的速凝剂不得使用。

4 速凝剂的掺量宜控制在水泥重量的 2%～4%，最佳掺量应在施工前通过试验确定。

10.2.5 当喷射混凝土中掺加合成短纤维时，短纤维应符合下列规定：

1 纤度≥13.5dtex；

2 单根纤维拉断力≥3.5cN；

3 长度12~19mm；

4 具有良好的耐酸、碱性和化学稳定性；

5 经改性处理，具有良好的分散性，不结团；

6 经抗紫外线、耐老化添加剂处理；

7 掺加量宜为每立方米喷射混凝土0.6~0.9kg；

8 可与水泥、粗细骨料一起搅拌，搅拌时间延长20s。

10.2.6 退火钢丝

1 退火钢丝进场时，应按现行国家标准《金属材料室温拉伸试验方法》GB/T 228规定的方法抽取试件做抗拉强度检验，其抗拉强度试验值必须不低于570MPa。检查数量按进场批次和产品抽样检验方案确定，且每批次不得少于5个试件。

2 钢丝及构造用钢筋的表面不得有裂纹、机械损伤、油污和锈蚀，但钢丝允许有氧化膜。

10.3 施工方法

10.3.1 施工工艺流程：

绕丝加固法施工工艺流程框图见图10.3.1。

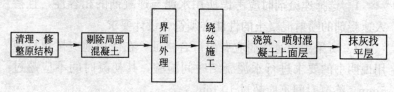

图10.3.1 绕丝加固法施工工艺流程框图

10.3.2 浇筑混凝土面层前，应对下列项目进行隐蔽工程验收：

1 界面处理质量；

2 钢丝的品种、直径；

3 绕丝的间距；

4 钢丝、钢筋与原钢筋的焊接；

5 绕丝质量。

10.3.3 界面处理

1 原结构构件经清理、修整后,应按设计的规定,凿除绕丝、焊接部位的局部混凝土保护层。其范围和深度大小以能进行焊接作业为度;对方形截面构件,尚应对其四周棱角进行圆化处理,圆化半径不应小于 30mm。然后将绕丝部位的混凝土表面凿毛,并冲洗干净。

2 原构件表面凿毛后,应按设计的规定涂刷水泥浆或界面剂。涂刷界面剂时,其涂刷质量应符合产品说明书的要求;涂刷水泥浆时,应采用 42.5 级水泥浆涂刷一遍。

3 若设计要求浇筑混凝土前原构件表面需保持湿润状态时,应提前 24h 反复进行浇水。

10.3.4 绕丝施工

1 绕丝前,应采用多次点焊法将钢丝、构造钢筋的端部焊牢在原构件纵向钢筋上。若混凝土保护层较厚,焊接构造钢筋时可在原钢筋端部加焊短钢筋作为过渡。

2 绕丝应连续,间距应均匀,并使力绷紧;每隔一定距离用点焊加以固定。绕丝的末端也应与原钢筋焊牢。绕丝完成后,尚应在钢丝与原构件表面之间打入钢锲予以绷紧。

10.3.5 喷射法施工

1 喷射作业面较大、表面形态较复杂时,应分区分段进行。喷射作业面上应预先埋设喷射厚度标志。

2 在喷射混凝土之前,施工面必须喷水湿润,避免施工面从喷射混凝土中吸收过多水分。但是,喷水不能太多,不能使施工面留有多余的水分。喷水通常采用喷头进行。

3 喷头在施工时尽量垂直施工面,与施工面保持的距离应以保证喷射混凝土密实为准。喷头如果离施工面太近,喷射的混凝土会把已经喷好的混凝土冲开,如果离的太远,则混凝土的密实性差。操作人员应立住不动,手握喷头,使喷头象风扇式的由上到下,从一边到另一边地移动,不要在一处一次喷射达到整个厚度,应使喷射混凝土形成均匀的一层。

当喷射配筋构件时，最好分两步进行，第一步覆盖钢筋，第二步在大面上找平。

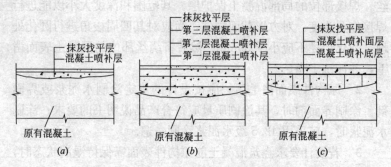

图 10.3.5 喷射混凝土的构造
(a)喷射厚度较薄；(b)喷射厚度较大；(c)喷射部位有钢筋

4 如果发现喷射出来的混凝土不均匀，必须立即使喷头离开施工面，直到喷射出来的混凝土均匀再继续正常地喷射施工。

喷射过程中，如发现混凝土表面干燥、松散、下坠、滑移或拉裂现象时，应及时清除，重新喷射。

在边角处、凹进处以及钢筋的内面特别容易发生混凝土回弹分离，因此，应定期检查，保证喷射混凝土与施工面粘结效果良好。若出现混凝土回弹分离，可以采用空气吹管吹掉回弹分离的混凝土，重新喷射。

5 当修复、加固厚度大于 70mm 时，可分层喷射，最好一次喷射厚度在侧立面不超过 50mm 左右，顶面不超过 30mm 左右。一次喷射厚度可按表 10.3.5 的规定选用。

一次喷射厚度(mm)　　　　　　表 10.3.5

部位 \ 配比成分	不掺速凝剂	掺速凝剂
侧立面	50	70
顶面	30	50

当分层喷射时，前后两层喷射的时间间隔不应少于混凝土的

终凝时间。当在混凝土终凝 1h 后再进行喷射时，层面可以轻微地加以修整，并应用风吹扫或用水清洗、湿润前一层混凝土的表面。

6 喷射混凝土的养护，比普通混凝土养护更为重要，因为喷射混凝土较薄，水分容易蒸发，因此，待最后一层喷射混凝土终凝 2h 后，就应开始养护。养护可以采用表面洒水、覆盖并保湿和喷养护剂的方法。养护时间不应少于 14d。

10.3.6 绕丝加固的混凝土面层宜优先采用喷射法施工。当采用人工浇筑时，混凝土面层的施工应符合现行国家标准《混凝土结构工程施工质量验收规范》GB 50204 的规定和本书第 6.3 节要求。

10.4 施工质量检验

10.4.1 绕丝的净间距应符合设计规定，其偏差不应大于 2mm。

10.4.2 喷射混凝土施工时，可用测针、预埋短钢筋和砂浆饼厚度标志等方法控制喷射层厚度。喷射混凝土的允许偏差一般为：+8mm，-5mm。

10.4.3 新浇混凝土的外观质量应符合现行国家标准《混凝土结构工程施工质量验收规范》GB 50204 的规定。不应有严重缺陷，也不宜有一般缺陷。对已经出现的严重缺陷和一般缺陷，应由施工单位提出技术处理方案，并经设计和监理单位认可后进行处理。处理后应重新检查验收。

10.4.4 混凝土面层的尺寸偏差应符合下列规定：

1 面层厚度：不允许有负偏差；

2 表面平整度：不应大于 5mm/m；

3 钢丝保护层最小厚度不应小于 20mm，其负偏差不应大于 5mm。

10.4.5 新旧混凝土结合应牢固。确认界面粘结是否良好，可采用小锤轻轻敲击新浇混凝土表面，若有空响声，表明该处新旧混凝土界面粘结不好，应进行修补。

11 裂缝修补

11.1 裂缝修补的概念

11.1.1 结构裂缝的分类

裂缝的分类方法很多,本章是从裂缝便于修补的角度对裂缝进行的分类。

1 静止裂缝

由过去事件引起且不再变化的裂缝。其特点是裂缝宽度和长度稳定。修补时选用的材料和方法可仅与裂缝粗细有关,而与材料的刚性或柔性无关。

2 活动裂缝

裂缝宽度、长度不能保持稳定、易随着正常使用的结构荷载或湿热的变化而时开时合的裂缝,如温差裂缝。当无法完全消除其产生原因时,修补这类裂缝宜使用有足够柔韧性的材料,或无粘结的覆盖材料。

3 未稳定裂缝

裂缝的长度、宽度或数量尚在发展,但经一段时间后将会终止的裂缝。对此类裂缝在一般情况下应待其停止发展后,再进行修补或加固,如混凝土干缩裂缝。

4 不可修补裂缝

裂缝宽度、长度不能保持稳定,随着时间的增长裂缝变宽、变长。如沿着钢筋纵向方向的钢筋锈裂缝,则不管这裂缝有多细,裂缝仍会继续发展,为保证结构的耐久性,可按本书第12章的方法对构件进行修复。

11.1.2 裂缝的检测

1 长度:钢尺测量,一般以裂缝两端直线距离定为裂缝长度;

2 宽度：用钢尺、裂缝卡、裂缝读数放大镜测量，一般以裂缝的最宽处长度定为裂缝宽度；

3 深度：沿裂缝凿开、钻芯观察测量、超声法、灌注彩色液法（参见第12.1.3条）检测，一般以从构件表面裂缝到最大垂直深度的距离定为裂缝深度。

4 裂缝的发展：构件上裂缝的发展，可通过观察裂缝的数量增加、已测裂缝长度、宽度的增大，确定裂缝在发展。

5 长度变化监测：在已观察裂缝两端，划线作为裂缝的端点，并在旁边（或记录纸上）记上观测日期，见图11.1.2-1。定期观察，看裂缝伸出端点没有。若伸出，表明裂缝在变化。

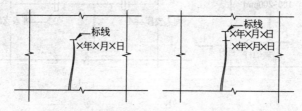

图11.1.2-1 裂缝长度变化监测

6 宽度变化监测：在已观察裂缝最宽的部位做上记号或安上千分表支座，定期观察，若裂缝宽度增大，则表明裂缝在变化，见图11.1.2-2。

在已观察裂缝最宽的部位粘贴3mm厚玻璃条或抹上石膏饼，厚度约3mm。定期观察，若玻璃片被拉断或石膏饼开裂，表明裂缝在变化。

11.1.3 常用的裂缝修补方法

1 表面封闭法

利用混凝土表面微细独立裂缝（裂缝宽度 $w \leqslant 0.2$mm）或网状裂纹的毛细作用吸收低黏度且具有良好渗透性的修补胶液，封闭裂缝通道。对楼板和其他需要防渗的部位，尚应在混凝土表面粘贴纤维复合材料以增强封护作用。

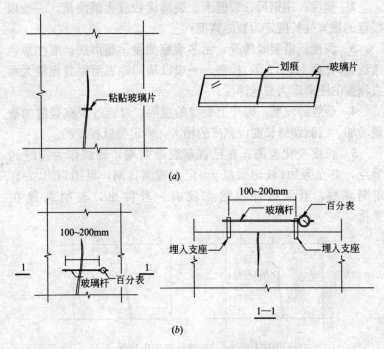

图 11.1.2-2 裂缝宽度监测示意图
(a) 粘贴玻璃片监测裂缝法；(b) 百分表监测裂缝法

2 填充密封法

在构件表面沿裂缝走向骑缝凿出槽深和槽宽分别不小于20mm 和 15mm 的 U 形沟槽，然后用改性环氧树脂或弹性填缝材料充填，并粘贴纤维复合材以封闭其表面。

3 压力注浆法

以一定的压力将低黏度、高强度的裂缝修补胶液或水泥浆液注入裂缝腔内，达到充填密实的效果。

11.1.4 基本要求

1 上述是一般性裂缝的修补方法，根据工程的需要，可以组合使用。对承载力不足或沉降引起的裂缝或缝隙，除可按上述的规定进行修补外，尚应采用适当的加固方法进行加固。

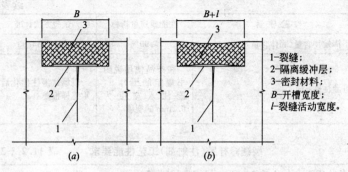

图 11.1.3 填充密封构造示意图
(a) 活动裂缝处理；(b) 活动裂缝扩展后情况

2 采用有机胶进行裂缝修补，其混凝土含水率不应大于4%。对含水率超限的混凝土和浇筑不满 90d 的混凝土应进行人工干燥处理。

3 修补裂缝现场的气温，采用化学修补材料时，应符合产品使用说明书的规定；采用无机修补材料时，不宜低于5℃；修补过程不得在烈日、雨雪、风沙天气条件下进行露天施工。对现场环境的湿度要求，应符合产品使用说明书的规定。

11.2 灌注材料

11.2.1 注射或注浆用的裂缝修补胶进场时，应对其品种、型号和出厂日期等进行检查，并应对其力学性能和工艺性能进行复验，其复验结果应符合表 11.2.1-1、11.2.1-2 的规定。

裂缝修补胶(注射剂)基本性能指标　　表 11.2.1-1

	检验项目	性能或质量指标	试验方法标准
	钢-钢拉伸抗剪强度标准值(MPa)	≥10	GB/T 7124
胶体性能	抗拉强度(MPa)	≥20	GB/T 2568
	受拉弹性模量(MPa)	≥1500	GB/T 2568
	抗压强度(MPa)	≥50	GB/T 2569
	弯曲强度(MPa)	≥30，且不得呈脆性(碎裂状)破坏	GB/T 2570

续表

检验项目	性能或质量指标	试验方法标准
不挥发物含量(固体含量)	≥99％	GB/T 14683
可灌注性	在产品使用说明书规定的压力下,能注入宽度为0.1mm的裂缝	现场试灌注固化后,取芯样检查

裂缝修补胶(注射剂)工艺性能要求　　表 11.2.1-2

检验项目	性能指标	试验方法标准	备注
混合后初始黏度	≤500mPa·s	GB/T 12007.4	气温 25℃下测定
可操作时间	≥60mim	GB/T 7123	气温 25℃下测定
施工环境温度	5℃～40℃	—	5℃时应具有可灌性；40℃时应在 40mim 内可灌注完毕

当修补目的仅为封闭裂缝，而不涉及补强、渗漏的要求时，可不做可灌注性检验。

11.2.2　封缝用胶粘剂进场时，应对其钢-钢粘结抗剪强度、纤维层间剪切强度及钢-混凝土粘结正拉强度等三项性能进行复验，其性能必须符合表 3.2.4 纤维复合材料粘结用胶(B级)的规定。

11.2.3　混凝土裂缝修补用聚合物水泥注浆料进场时，应对其品种、型号和出厂日期等进行检查，并应对其力学性能和工艺性能进行复验，其复验结果应表 11.2.3-1、表 11.2.3-2 的规定。

修补裂缝用聚合物水泥注浆料安全性能指标　　表 11.2.3-1

	检测项目	性能及质量指标	试验方法标准
浆体性能	劈裂抗拉强度(MPa)	≥5	第 14.2 节
	抗压强度(MPa)	≥40	GB/T 2569
	抗折强度(MPa)	≥10	第 14.3 节
注浆料与混凝土的正拉粘结强度(MPa)		≥2.5，且为混破坏	第 15.2 节

注浆料的工艺性能要求　　　　　表 11.2.3-2

检验项目	性能指标		备 注
	环氧类	水泥类	
膨胀率(%)	≥0.02	≥0.02	应经试配确定
流动性(mm)	≥500	≥300	气温 25℃下测定
可操作时间(mim)	≥60	≥60	气温 25℃下测定

11.2.4 涂料进场时，应对其品种、型号和出厂日期等进行检查，严禁使用过期及包装破损或无牌号的涂料。

11.2.5 修补裂缝用的填充密封材料和纤维织物的质量应符合国家现行相应产品标准的规定。

11.3 表面封闭法施工

11.3.1 增强塑料封缝

1 沿裂缝走向，对裂缝两侧将粘贴纤维织物的混凝土表面，用喷砂机或砂轮机打磨平整，直至露出坚实的集料新面，经检查无油渍、污迹后用压缩空气或吸尘器清理干净。

2 在粘贴胶开始配制之前，用白棉纱沾工业丙酮沿裂缝将封闭部分的混凝土擦拭干净，擦拭宽度应大于纤维织物的粘贴宽度。

3 粘贴时，纤维织物片材的经丝应与裂缝方向垂直。胶粘剂在固化过程中，胶液流淌或浸润后应及时补刷。

4 封缝施工还应满足本书第 3 章的要求。

5 在纤维织物网的面上，应涂刷一道胶粘剂，并撒上石英砂。待胶粘剂完全固化后抹水泥砂浆或其他灰浆，形成防护面层。

11.3.2 胶泥封缝

1 用压缩空气或吸尘器将缝隙中的粉尘和杂物吹除干净。

2 封缝胶泥的配比必须符合设计要求或相关规定，配制出的胶泥的黏稠度，应既能便于施工，又能保证施工质量。

3 封缝胶泥配制好后，采用抹压方式将胶泥填入缝隙中，应反复抹压不少于3次。在封缝胶泥硬化过程中，应随时修补填平，并保证胶泥与混凝土粘结牢固，不能有裂纹和小的孔洞。

4 封缝胶泥硬化后，构件表面应打磨平整。

11.3.3 涂料封缝

1 采用涂刷涂料封缝的构件，含水率应不大于8%；对于新浇构件，pH值还应不大于8，否则应进行去碱处理。去碱方法之一是：15%～20%硫酸锌或氯化锌溶液涂刷数次，干后除去析出的粉末或浮粒；或5%硫酸锌溶液清洗表面碱质，24h后用清水冲洗。

2 构件表面的平整修补、打磨和涂料的涂刷等施工工艺，应按设计和相关规范的要求进行。

3 涂料在成膜固化过程中，流淌或浸润应及时补刷，保证涂料固化后涂膜覆盖封闭裂缝和涂膜的均匀性。

11.4 填充密封法施工

11.4.1 沿裂缝走向按设计规定的剖面尺寸骑缝凿槽或切槽，槽应延伸过裂缝末端，凿槽端头应为弧形，以免造成应力集中的情况。当开槽没有具体的剖面尺寸规定时，槽宽和槽深均应不小于20mm。

11.4.2 凿槽或切槽完成后，应用压缩空气或吸尘器清理干净。

11.4.3 当设置隔离层时，槽底隔离材料应采用不吸潮膨胀，且不与弹性密封材料及结构本体材料相互发生反应的材料。隔离层应紧贴槽底。

11.4.4 采用图11.1.3(a)的构造来处理活动裂缝或尚在发展裂缝时，填入槽中的弹性密封材料宜低于构件表面高度。

11.4.5 采用微膨胀水泥砂浆、聚合物砂浆或细石混凝土填缝时，首先应用水将槽内壁及周边润湿，然后再填入灌缝材料，表面抹压平整后，注意养护，以免表面出现裂缝。

11.5 注浆施工

11.5.1 施工工艺流程

注浆施工工艺流程框图见图11.5.1。

图11.5.1 注浆施工工艺流程框图

11.5.2 注浆孔的设置

1 注浆孔分为直接在裂缝表面固定注浆嘴和钻孔埋管两种。钻孔埋管方式又分为骑缝孔和穿缝斜孔两种。钻孔埋管方式如图11.5.2所示。

在裂缝表面直接固定注浆嘴适用于一般结构构件，缝深不超过1.2m。骑缝孔适用于缝深1~2m的裂缝，穿斜孔适用于深层裂缝。

2 埋管法钻孔的孔径为ϕ20mm，孔深为100~150mm，孔距为800~1000mm。为避免钻孔底部偏离缝面，管底距孔底要保留1/3孔深距离，即灌浆管仅埋入孔深的2/3左右，并防止砂浆堵孔

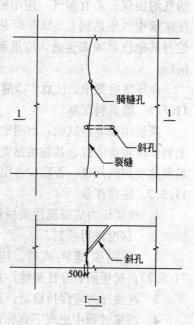

图11.5.2 钻孔埋管方式

3 注浆嘴设置的间距应根据裂缝的大小、注浆材料的性质确定，一般为200~500mm，且应设在裂缝交叉点、裂缝较宽处和端部。

11.5.3 注浆嘴或埋管固定好后,再封缝。每条裂缝还必须设置排气嘴。

11.5.4 设备检查

注胶设备及其配套装置在注胶前应进行适用性检查和试压(其流动度和可灌性应符合设计要求)若达不到要求,应查明原因采取有效的技术措施,以确保其可靠性。

11.5.5 压气检测

封缝胶固化后,应进行压气试漏检测,检查封缝密闭效果,观察注浆嘴之间的连通情况。在封缝胶泥处涂刷肥皂水。从进浆嘴压入压缩空气,压力等于注浆压力,观察是否有漏气的气泡出现。若有漏气,应用胶泥修补,直至无气泡出现。若注浆嘴中气压达到 0.5MPa 时某注浆嘴仍不通气,则说明该部位与其他注浆嘴未连通,应重新埋设注浆嘴,并缩短注浆嘴的间距。

在压气检测中,注意吹净缝内及孔中粉末。

11.5.6 灌浆料配制

灌注用浆应经试配,以测定其初始黏度或稠度。采用化学注浆料,注浆前应检查其初始黏度。拌合化学注浆料时,不应有突然发热变稠的现象,否则应弃用该注浆料。

11.5.7 注浆作业

1 注浆压力应根据注浆材料的种类、性能以及裂缝或缝隙的大小、深度进行控制。

2 竖向裂缝注浆时,应按从下向上顺序进行(见图11.5.7);对板面贯穿性裂缝,宜从下向上注浆。

3 注浆压力应保持稳定,且应始终处于设计规定的区间内。

4 注浆过程中出现下列标志之一者,均表明裂缝处注满浆液,可以转入下一个注浆嘴,直至注完整条裂缝:

1)在注浆压力下,若上部注浆嘴有浆液流出,应及时以胶泥或堵头堵孔关闭上部注浆嘴,并维持原工作压力 1~2min;

2)当存留在注浆器中的浆液(此浆液不得发热、变稠)5min

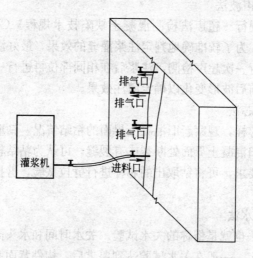

图 11.5.7　注浆过程示意图

内未见注入，或吸浆率小于 0.05L/min。

5　待缝内的浆液凝固后，才可拆除注浆嘴。

11.5.8　深层裂缝注浆

一般情况下骑缝孔和穿缝斜孔两种钻孔并用。此时，骑缝孔先作排水、排气用，待穿缝斜孔灌浆后，再灌骑缝孔。

11.6　施工质量检验

11.6.1　对影响结构、构件承载力的裂缝或缝隙修补后，必须进行检测，确定其修补质量满足设计要求。

11.6.2　粘贴织物宽度允许偏差为 +5mm、−3mm。粘贴织物的中心线允许偏差为 5mm，长度允许偏差为 +10mm、−5mm。

11.6.3　表面封缝材料固化后应均匀、平整，不得显露或出现裂缝，也不应有与混凝土粘结不牢或脱落的情况，出现上述情况应重新施工。

11.6.4　注浆施工结束后，待胶液完全固化后，可采用下列方法对注浆效果进行检验：

1 超声波法

依据现行《超声法检测混凝土缺陷技术规程》CECS 21 的规定操作。为了较准确地判定注浆灌缝的效果，最好注浆施工前对构件进行一次超声检测，注浆后在相同部位再进行一次超声检测，比较前后波形变化以确定灌注效果。

2 取芯法

钻取芯样，观察新旧混凝土界面的粘结情况。钻取出的芯样没有在新旧混凝土界面处断裂或有裂缝，可认为粘结较好。如有粘结强度要求，可将钻取出的芯样进行劈拉试验，劈拉位置在裂缝交接面。

3 盛水法

盛水法也就是俗称的关水试验。关水时间和水头高度，可根据要求确定。一般在关水试验达到要求后，构件背面和侧面无水迹、渗水、滴漏等现象为合格。

12 构件缺损和损伤修复

12.1 构件的缺损和损伤检查

12.1.1 缺损和损伤的涵义

构件缺损是指混凝土结构在浇筑生产过程留下的蜂窝、孔洞、裂缝等质量缺陷。

构件损伤是指混凝土结构在使用过程中,因荷载、磨损、振动撞击、干湿冻融、化学侵蚀、火灾、钢筋锈蚀等因素造成对构件表面或内部的伤害。

构件缺损和损伤将影响结构的感观、使用功能和耐久性,因此应进行修复。修复前首先应对其部位进行检查,以确定修复的范围,是必不可少的第一步。

12.1.2 表面缺陷检查

1 肉眼观察

通过肉眼观察可以确定裂缝的位置、数量,表面的蜂窝、孔洞、露筋、疏松、风化剥落等情况。

2 采用测量、划凿等方法检查

通过测量确定裂缝的长、宽,构件的断面受损、变形增大的情况。通过刻划、凿敲表面混凝土,以判别强度降低或损伤的面积。而裂缝检测可按第 11.1.2 条的方法进行。

3 回弹法检测

回弹法设备轻便、检测速度快,不但可以用来检测构件的混凝土强度,其回弹值的大小还可以反映构件表面强度的分布规律。用这种方法可以发现混凝土强度特别低的部位,回弹时的声音可以发现面层有缺陷的地方。

12.1.3 内部缺陷检查

1 凿打、钻芯法

沿混凝土构件表面的蜂窝、孔洞位置进行凿打或钻取芯样检查混凝土构件内部的密实度、蜂窝、孔洞等情况。

2 声测法

采用锤击或链条拖动根据声音的变化,判定混凝土构件浅层起层和孔洞;采用超声仪,依据现行《超声法检测混凝土缺陷规程》CECS 21:90 的操作规定,检测混凝土构件内部孔洞、起层、裂缝深度和长度;采用雷达仪判断混凝土构件空洞位置。有空响的区域应及时剥离以免造成损伤(见图 12.1.3)。

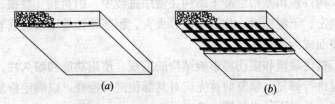

图 12.1.3 敲击有空响的区域缺陷检查
(a)敲击有空响的区域;(b)剥开混凝土面层情况

3 灌注彩色液法

采用针管或压力灌浆的工具,将彩色液(如红墨水)压入混凝土构件表面的缝隙中,然后采用凿打或钻取芯样的方法,检测彩色液灌入深度,以确定裂缝或不密实深度。

对于难于检测的部位,如柱节点,或不易判定内部缺损准确位置的情况,应考虑采用上述多种方法进行检测,甚至计算,最后综合评定。

12.1.4 修复区域的划定

根据检查的情况确定修补的区域,应满足以下要求确定:

1 不满足混凝土强度的区域是否已全部包含在内。
2 周边的缺损是否已全部包含在内。
3 修补区的几何形状应尽量简单,周长应尽量短,以缩短粘合区域边缘的长度。如果边缘过于复杂或过长,会增大修补材料收缩和开裂的概率,见图 12.1.4。

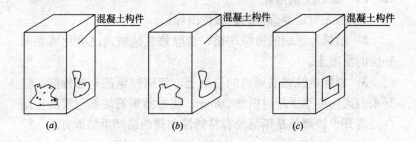

图 12.1.4 缺损部位混凝土的清理
(a)构件表面缺陷的边缘形状;(b)不正确的缺陷修补方式的边缘形状;
(c)正确的缺陷修补方式的边缘形状

4 当面积过大时,为便于修复,可考虑划分成若干个区域进行施工。

12.2 修补材料

12.2.1 界面处理材料

为保证混凝土缺陷修补的可靠性,首先应对缺损界面进行处理。其界面处理材料分混凝土界面处理材料和钢筋阻锈涂层材料两种。混凝土界面处理材料可按第 6 章要求采用。

钢筋阻锈涂层主要用于修复已锈蚀钢筋混凝土结构中。钢筋除锈后,在表面涂刷一层使钢筋钝化的物质,阻止钢筋的进一步锈蚀。钢筋阻锈涂层材料可按第 13 章要求采用。

12.2.2 修补材料

构件的裂缝、渗漏可按第 11 章要求进行修复或进行构造处理;当构件缺损部位的面积比较小时,一般采用水泥砂浆、聚合物砂浆、环氧树脂砂浆等进行修复;若构件缺损部位的面积或体积比较大时,可采用微膨胀混凝土、喷射混凝土等进行修复。

12.3 混凝土表面缺损修整

12.3.1 混凝土的清理

1 首先对需要修补的区域作出标记。

2 沿修补区域的边缘切槽，清除修复区域内已劣化或松动部位的混凝土。

3 剔除锈蚀钢筋周边的混凝土，使锈蚀钢筋全部外露，混凝土剥离深度至少超过钢筋20mm；将外露钢筋端部与混凝土结合处凿开，该部位是钢筋最容易锈蚀和锈蚀最严重的地方之一。

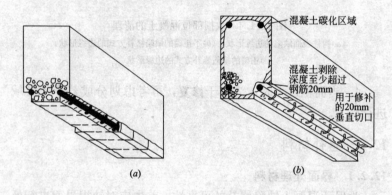

图 12.3.1 构件劣化混凝土的清理
(a)整修前的情况；(b)修整后的情况

12.3.2 锈蚀钢筋的清理和补强

1 将钢筋表面的锈层打磨或清刷干净。

2 检查钢筋截面积锈蚀是否超过原面积的8%。当钢筋的锈蚀面积超过原面积的8%时，其钢筋的力学性能将发生很大变化，直接影响到结构构件的安全性，因此必须补配钢筋。

检查中要特别注意，钢筋锈蚀的不均匀性，坑蚀和缩颈对材料的力学性能影响极大。

3 补配钢筋可选用如下方法：

在受损部位平行放置新的钢筋，钢筋品种和规格应与原有钢筋相同，两端应有足够的锚固长度；将损伤部位的钢筋截去，可选用图12.3.2中的方法重新进行连接。

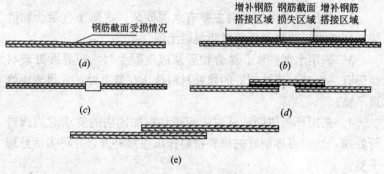

图 12.3.2 锈蚀钢筋修补方式
(a)钢筋截面受损情况；(b)采用增加钢筋与受损钢筋搭接的情况；(c)将受损钢筋截断与置换钢筋采用机械连接；(d)将受损钢筋截断与置换钢筋焊接连接；
(e)将受损钢筋截断与置换钢筋绑扎连接

应注意的是，补配钢筋在构件中还应符合现行国家标准《混凝土结构设计规范》GB 50010 和《混凝土结构工程施工质量验收规范》GB 50204 的相关规定。

12.3.3 界面处理

1 将需要修复的混凝土表面和外露钢筋上的锈皮、混凝土颗粒、灰尘等杂质清除干净。

2 在外露钢筋表面涂刷钢筋阻锈剂。涂层应均匀地覆盖整个外露钢筋表面，涂刷次数一般不少于2次。

3 在需要修补的混凝土表面涂刷填实界面剂，涂层应均匀。

12.3.4 在进行修补施工前，应用干硬性砂浆将外露钢筋与混凝土之间的空隙填实，避免在下一步施工过程中形成孔洞。

12.4 修补的施工方法

在对混凝土结构或构件按上述方法修整完毕后，可根据具体情况选择下列方法进行修补。

12.4.1 抹压法

1 该方法适用于混凝土表面凹洼、孔洞、缺角的修补和整平。

2 抹压法采用的材料主要有水泥砂浆、混凝土、聚合物砂浆、环氧树脂砂浆和环氧树脂混凝土等。

3 采用水泥砂浆、聚合物砂浆或混凝土时，在界面处理材料仍有黏性时，将拌制好的修补材料抹压在修补处，并将表面修理平整。

4 采用环氧树脂砂浆时，应按粘钢加固法的要求对表面进行处理，然后将拌制好的修补材料抹压在修补处，并将表面修理平整。

12.4.2 干填法

1 该法适合于对孔洞和抗渗要求较高的混凝土构件的修补。

2 干填法采用的材料主要有水泥砂浆、混凝土、聚合物砂浆、环氧树脂砂浆和环氧树脂混凝土等。配制成的材料坍落度为零、能用手捏成团。

3 混凝土粘结面应按填塞材料的性能要求进行处理。

4 材料捏成团塞入构件的孔洞内，用木棒和锤子打击密实，同时使填料与基层混凝土紧密接触，以获得良好的粘合效果。孔大应分层填实。

5 填筑完成后应注意表面整平和养护。

12.4.3 支模浇筑法

支模浇筑法在第 6 章"增大截面加固"中已对其施工方法进行了说明，其施工对象是结构或构件的一个整侧面或多个侧面的浇筑。本条主要是指对构件的局部修补或置换后浇筑，除满足第 6 章的要求外，还应注意以下情况：

1 由于浇筑混凝土是构件的局部，因此模板上部应设喇叭口，并应保证模板与混凝土构件间的密封可靠，以防止砂浆流失。

2 混凝土应采用微膨胀混凝土，以利于对空隙的充填，增加新旧混凝土间的整体性。

3 浇筑混凝土时，由于空间狭小，应注意排气或预留排气孔，以免混凝土拆模后有大量的孔洞。

4 混凝土浇筑高度应大于浇筑孔洞的高度，根据连通器原理，使混凝土浆体能压满孔洞顶部，见图12.4.3。

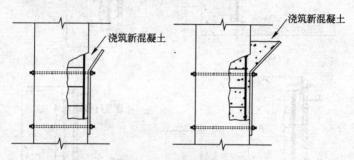

图12.4.3 开口支模浇筑

5 浇筑完后应注意养护，直到材料有足够的强度后方可拆模。拆模后，应将喇叭口处多余的混凝土修理平整。

12.4.4 喷射法

喷射法适用于较大面积的修补，喷射法修补采用的材料有水泥砂浆、普通混凝土、纤维混凝土等，具体施工方法见第10章。

12.4.5 预置骨料灌浆法

预置骨料灌浆可用于混凝土不便浇筑的部位、孔洞的填补和一些部件的固定。当部件需固定在待浇筑的部位时，由于部件的锚筋便于固定、连接，因此固定的可靠性是比较高的。

1 在已清理好、需要修补的混凝土结构构件装上模板。

2 使用的骨料应有优良的连续级配，骨料间的孔隙率在50%以下。

3 将清洗干净的骨料放入基层与模板间的空腔内振捣密实，关模。

4 按第11.5节的方法注浆。

5 浇筑完后应注意养护，直到材料有足够的强度后方可拆模,修理平整。

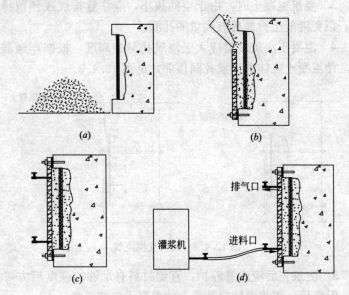

图 12.4.5 预置骨料灌浆法施工
(a)级配骨料和构件需要浇筑部位清洗干净;(b)清洗干净的
骨料放入模板与基层间的空腔;(c)模板上安装灌浆
嘴和阀门以便灌注浆料;(d)压力注浆

12.5 施工质量检验

12.5.1 在进行修补施工前,外露钢筋与混凝土间的孔隙应检查保证填实。

12.5.2 构件中补强钢筋的连接方法应满足相应标准的要求。

12.5.3 混凝土修补部分应与基面结构粘结牢固,表面平整,无裂缝、脱层、起鼓、脱落等现象。

12.5.4 对浇筑面积较大的混凝土或砂浆,应预留强度试块;新旧混凝土的粘结情况的检测可按第 6.4.5 条方法进行。

13 钢筋防锈技术

13.1 防护方法

钢筋锈蚀是混凝土结构最常见的耐久性问题之一，目前是排在混凝土结构破坏原因的首位，因此，从维护的角度，防止或减少钢筋锈蚀就显得相当必要。

13.1.1 混凝土构件表面防护

1 渗透型涂层

浸入型涂料是黏度很低的液体，将它涂（或喷）于风干的混凝土表面上，靠毛细孔的表面张力作用吸入深约数毫米的混凝土表层中，它与孔壁的氢氧化钙反应，以非极性基使毛细孔壁憎水化，或者填充部分毛细孔使孔细化，在混凝土构件表面形成渗透型涂层。浸入型涂料分为憎水剂和填孔剂两类。浸入型涂料不能在混凝土表面上成膜，不会形成隔离层，也不能充满混凝土毛细孔隙，所以既不影响混凝土的透气性、透水蒸汽性，而且在水头作用下，水也是可以渗透的。但是，它却能显著降低混凝土的吸水性，使水和只有溶解于水中才能被毛细管吸收作用吸进去的氯化物都难以吸进混凝土中，而混凝土中的水分却可以化为水蒸汽自由地蒸发出去，使混凝土保持干燥，从而显著地提高混凝土对钢筋保护作用。表13.1.1给出了一部分渗透型涂层的防护性能。从表中可以看出，以聚硅烷和聚丙烯酸制成的复合涂层材料防护效果最理想，具有良好的延缓混凝土碳化的功能。

Sika公司研制的Sika ForroGard-903可同时吸附到钢筋的阴阳二极进行保护。在阳极保护膜阻止铁离子的流失；在阴极保护膜形成对氧的屏蔽，阻止氧气的进入，另外还可以将钢筋表面已有的氯离子置换出来。

各种涂层的防护性能　　　　　　表 13.1.1

涂层种类	混凝土吸水量（%）	氯离子渗透性（10^{-3}ppm）	CO_2吸水量（%）
无涂层	9.5	5.5	2.1
聚氨酯	9.2～9.5	3.0～5.5	1.0～1.6
有机硅树脂	9.3	0.3	1.7
硅烷	2.1	0.1	0.9
聚硅烷	2.6	0.1	1.0
聚丙烯酸	9.5	2.0	1.0
聚硅烷＋聚丙烯酸	2.2	0.1	0.1

2　覆盖面层防护

采用防护材料覆盖在混凝土结构构件表面，能阻止空气中的氧气、水和盐类介质向混凝土中渗透和扩散，从而延缓混凝土碳化和钢筋的锈蚀。

在混凝土结构构件表面抹水泥砂浆，原有的目的是使构件表面平整、美观。但客观上水泥砂浆本身含有可碳化物质，能消耗掉一部分扩散进入的CO_2，使CO_2接触混凝土表面的时间得以延迟，CO_2穿过覆盖层后的浓度降低，使混凝土表面CO_2的浓度低于大气环境中的CO_2浓度，且覆盖层干燥硬化后在基层上形成连续坚韧的保护膜层，能封闭混凝土表面部分开口孔道，阻止CO_2的渗透，从而延缓混凝土的碳化速度。这类材料还包括：石灰浆、防水砂浆、水玻璃耐酸砂浆、水泥基聚合物砂浆等。

3　封闭处理

采用能隔断或阻止外部水分、氧气或其他侵蚀性介质向混凝土构件内部渗透和扩散的材料，涂于混凝土构件表面，使钢筋处于干燥缺氧状态而免受腐蚀。当然，封闭面层的效果还与混凝土内部的含水量等因素也有关。这类材料若是以环氧树脂、聚氨酯为基的复合型涂层，一般用于上部结构的防护；若是以沥青、环氧沥青、环氧加煤焦油为基的复合层，一般用于地下、水下部分混凝土结构的防护。

为改善涂层的脆性、增强其抗裂性，可在涂刷施工时粘贴增强纤维片材，如无碱玻璃纤维布、碳纤维布等。

13.1.2 改善混凝土的阻锈性能

掺入型钢筋阻锈剂是通过掺入混凝土拌合物中，进行单分子层的化学反应，抑制钢筋表面阳极或阴极反应的一种外加剂。钢筋阻锈剂的主要功能不是阻止环境中有害离子进入混凝土中，而是当有害离子不可避免地进入混凝土内后，因阻锈剂的存在，使有害离子丧失侵害能力，其作用是抑制、阻止、延缓钢筋锈蚀的电化学过程，从而达到延长结构使用寿命的目的。掺入型钢筋阻锈剂分为阳极阻锈剂、阴极阻锈剂和复合型阻锈剂三种。阳极阻锈剂有亚硝酸盐、硼酸钠、铬酸钠等。阴极阻锈剂有碳酸钙、氢氧化氨、由苯氨及其氯烷基和硝基以及胺基构成的阻锈材料。复合型阻锈剂有冶金工业部建筑研究总院研制的 RI 系列，Crotrec 公司的 MCI 系列和 Sika 公司的 Sika FerroGard 系列等。

掺加阻锈剂不能降低对于混凝土保护层的基本要求，保护钢筋的基本措施还是最大限度地提高和保持混凝土保护层本身的低渗透性和适当厚度。

13.1.3 电化学防护

混凝土中钢筋的锈蚀是电化学腐蚀，因碳化或氯化物侵入，使钢筋表面局部失去钝化，成为阳极区，在那里发生阳极反应，即钢筋被氧化腐蚀，同时放出自由电子；而仍然钝化的钢筋表面，则成为阴极区，与上述阳极区构成腐蚀电耦。阴极区接受来自阳极区的自由电子，进行阴极反应，使上述阳极反应（钢筋腐蚀）得以继续进行。

电化学防护钢筋锈蚀的方法有多种，其中阴极防护是目前使用得最多的一种。阴极防护是根据钢筋锈蚀的电化学原理，新增一个阳极，新阳极用不起化学作用的材料做成，把阳极材料与电源的正极连接，把所有钢筋与电源的负极连接，通电流后形成新的电位差，钢筋骨架转化为阴极，钢筋的锈蚀得到抑制。在使用过程中：电流太大，容易造成阳极区域混凝土的损伤；而电流太小,又不能有效地起到保护作用,所以,必须注意调整钢筋中的电流和电压。据有关资料介绍,用涂钛金属作阳极可以大幅度地提高阳极区的电流密度,而又不损伤混凝土。

13.1.4 钢筋表面涂层

由于混凝土在使用过程中的劣化、钢筋的锈蚀使混凝土受到损坏等原因,需要对混凝土或钢筋进行修复。为做好修补区钢筋的进一步防护,有时在用水泥砂浆或混凝土修复损伤部位前,在经过处理好的钢筋上涂涂料。使用的品种大致可分为:

1 水泥浆或水泥砂浆;
2 用聚合物或乳胶液改进的水泥浆;
3 阻锈剂(如氯化锌涂料);
4 环氧树脂等。

采用什么样的涂料,主要取决于混凝土的修补方法。

13.1.5 基本要求

1 选择阻锈方法时应注意,不同的阻锈方法有不同的使用条件。

2 因工程需要,为保证阻锈效果的可靠性,可以多道防线、多种方法综合使用,但应注意方法间的相容性。

3 构件进行防护施工前,应确定构件中钢筋是否锈蚀。钢筋锈蚀的部位应按第12章的要求进行处理后,再进行防锈施工,否则达不到预期效果。

13.2 阻锈材料

13.2.1 用于混凝土表面防护的材料,必须具备以下基本特性:

1 单位防护材料在环境介质侵蚀作用下,不发生鼓胀、溶解、开裂或脆化等现象。

2 防护材料宜具有抗碳化、抗渗透、抗氯离子和硫酸盐侵蚀、保护钢筋等性能。

3 用于抗磨作用的防护面层应在其使用寿命内,不被磨损而脱离结构表面。

4 防护面层与混凝土表面应粘结牢固,在其使用寿命内,不应出现开裂、空鼓、剥落现象。

13.2.2 承重构件宜采用烷氧基类或氨基类喷涂型阻锈剂。喷涂型钢筋阻锈剂的使用条件:

1 混凝土龄期不应少于28d;局部修补的混凝土,其龄期应不少于14d;

2 混凝土表面温度应在5~45℃之间;

3 若混凝土表面原先涂刷过涂料或各种防护液,已使混凝土失去可渗性且无法清除时,应改用其他阻锈技术。

13.2.3 喷涂型阻锈剂的质量应符合表13.2.3的规定。

喷涂型阻锈剂的质量　　　　表13.2.3

烷氧基类阻锈剂		氨基类阻锈剂	
检验项目	合格指标	检验项目	合格指标
外观	透明、琥珀色液体	外观	透明、微黄色液体
浓度	0.88g/mL	相对密度(20℃时)	1.13
pH值	10~11	pH值	10~12
黏度(20℃时)	0.95mPa·s	黏度(20℃时)	25mPa·s
烷氧基复合物含量	≥98.9%	烷氧基复合物含量	>15%
硅氧烷含量	≤0.3%	氯离子Cl$^-$	无
挥发性有机物含量	<400g/L	挥发性有机含量	<200g/L

13.2.4 喷涂型阻锈剂的性能指标应符合表13.2.4的规定。

喷涂型阻锈剂的性能指标　　　　表13.2.4

检验项目	合格指标	检验方法标准
氯离子含量降低率	≥90%	JTJ 275—2000
盐水浸渍试验	无锈蚀,且电位为0~-250mV	YB/T 9231—1998
干湿冷热循环试验	60次,无锈蚀	YB/T 9231—1998
电化学试验	电流应小于150A,且破样检查无锈蚀	YBJ 222
现场锈蚀电流检测	喷涂150d后现场测定的电流降低率≥80%	本书第16.5节

注:对亲水性的阻锈剂,宜在增喷附加涂层后测定其氯离子含量降低率。

13.2.5 掺入型钢筋阻锈剂的分类及质量标准

1 掺入型钢筋阻锈剂分为粉剂型和水剂型两类,其质量应符合表13.2.5-1的规定。

钢筋阻锈剂分类及质量要求　　　　表13.2.5-1

类型 性能	粉剂型	水剂型
外观	灰色粉末	微黄透明液体
pH	中性	7-9
密度	—	≥1.23
细度①	≥20%	—

①细度指筛孔净空0.24mm筛余百分表。

2 钢筋阻锈剂基本性能应符合表13.2.5-2的规定。

钢筋阻锈剂的基本性能　　　　表13.2.5-2

性能	试验项目	规定指标	
		粉剂型	水剂型
防锈性	1. 盐水浸渍试验	无锈 电位 0～-250mV	无锈 电位 0～-250mV
	2. 干湿冷热(60次)	无锈	无锈
	3 电化学综合试验	合格	合格
对混凝土性能影响试验	1. 抗压强度	不降低	不降低
	2 抗渗性	不降低	不降低
	3 初终凝时间(min)	-60～+120 (对比基准组)	-60～+120 (对比基准组)

3 掺阻锈剂的混凝土的物理、力学性能试验按常规方法进行,防锈性能试验按《钢筋阻锈剂使用技术规程》YB/T 9231—98附录A进行。

13.3 表面防护施工

13.3.1 混凝土结构构件表面防护前应进行表面预处理。应去掉浮尘、油污、水渍、霉菌或残留的装饰层。对于混凝土表层遭受一定程度的环境介质侵蚀而使表层混凝土劣化时,需采用打磨机等工具除掉劣化的混凝土表层，再用水清洗。对于需干燥的混凝土基底，不能用水清洗时，可用高压空气吹扫。

13.3.2 施工要求

1 根据设计和材料厂家的要求，使需防护的混凝土表面保持干燥或润湿状态。

2 按照混凝土表面防护材料的配比要求，进行配制或调制。

13.3.3 混凝土防护面层施工

1 采用无机砂浆类材料面层施工时，要充分润湿混凝土基底部位，以保证水泥胶结材料的充分水化，增加粘结效果，防止空鼓和脱落。

2 采用有机材料防护面层施工时，应保证混凝土表面及内部充分干燥，以增加防护层的粘结力，防止起鼓和剥落。

3 当混凝土立面或顶面的防护面层厚度大于10mm时，应分层施工。每层抹面厚度宜为5～10mm，待前一层触干后，方可进行下一层施工。

4 混凝土表面施工完毕后，表面触干即应进行喷雾（水或养护剂）或覆盖塑料薄膜、麻袋养护。

13.3.4 喷涂或涂抹钢筋阻锈剂

1 阻锈剂应连续喷涂，使被涂表面饱和溢流。喷涂的遍数及时间间隔应按产品说明书和设计要求确定。

2 每一遍喷涂后，均应采取措施防止日晒雨淋；最后一遍喷涂后，应静置24h以上，然后用压力水将表面残留物清除干净。

13.3.5 当混凝土表面需两层防护时，可待第一层防护材料施工完毕、检查合格后，方可进行第二层的防护材料施工。

13.4 掺入型阻锈剂施工

13.4.1 混凝土中掺入的钢筋阻锈剂，应能保证对混凝土的其他物理、力学性能没有影响。混凝土掺入钢筋阻锈剂的同时还掺入了其他混凝土外加剂，应能确定两者具有相容性。

13.4.2 使用掺入型钢筋阻锈剂的环境条件及用量

1 钢筋阻锈剂的用量取决于设计寿命期内腐蚀介质进入混凝土中的量,在氯盐为主的情况下,阻锈剂掺量应符合下列比例要求:对于粉剂型,$RI/Cl^- \geqslant 1.2$;对于水剂型的比例为$RI/Cl^- \geqslant 3$(均为重量比)。

2 对于在设计寿命期内进入混凝土中的盐量尚不明确时,可按表13.4.2确定阻锈剂掺量。

每立方米混凝土的钢筋阻锈剂掺量(kg/m³)　　表 13.4.2

环境条件	类型				
	粉剂型				水剂型
	RI-1N	RI-1C$_2$	RI-103	RI-105	RI-CW
使用海砂(非海洋环境)	2~3	2~3	3~5		
海洋环境					
浪溅区			9~13		26~36
非浪溅区			5~9		12~26
工业建筑及修复工程			6~13		
盐碱地			6~15		
低碱度水泥				4~8	
使用化冰(雪)盐			9~5	9~15	26~36

3 在掺用能提高混凝土的密实性又不明显降低其碱度的掺合料时,钢筋阻锈剂掺量可酌减。

13.4.3 使用掺入型钢筋阻锈剂的使用方法

1 水剂型阻锈剂可混入拌合水中使用,同时扣除所加液体阻锈剂等量的水。

2 粉剂型阻锈剂可干掺,也可溶入拌合水中使用,需延长拌合时间≥3min。在保持同流动度的条件下适当减水。

13.5　施工质量检验

13.5.1 混凝土表面防护面层应与基层粘结牢固,表面应平整,无裂缝、脱层和起壳等缺陷。

13.5.2 混凝土构件表面喷涂或涂抹的阻锈剂应均匀，不应有漏喷、漏抹的地方，若存在上述缺陷应补涂。阻锈剂的使用效果，可按第 16.4 节的方法进行检测与评定。

13.5.3 掺入钢筋阻锈剂的混凝土的施工质量：新浇筑构件应满足现行国家标准《混凝土结构工程施工质量验收规范》GB 50204 中的相关规定和相应材料的标准要求；原有构件的修复还应满足第 6.4 节的要求。

13.5.4 混凝土表面防护工程的交工验收，宜包括下列内容：
 1 原材料出厂合格证和质量检验报告单；
 2 防护材料的配比报告及试验结果报告单；
 3 基层处理及其他隐蔽工程记录；
 4 修补或返工记录及交工验收记录。

14 材料性能检测方法

14.1 结构用胶粘剂湿热老化性能测定方法

(参照《混凝土结构加固设计规范》GB 50367—2006 附录L)

14.1.1 适用范围及应用条件

1 本方法适用于结构胶粘剂耐老化基本性能的测定。

2 采用本方法进行老化试验的胶粘剂应符合下列条件:

1) 该结构胶粘剂产品已通过胶体性能和胶粘剂粘结能力的检验;

2) 被检验的结构胶粘剂应来源于成批产品的随机抽样。

14.1.2 试件

1 老化性能的测定应采用钢对钢拉伸剪切试件,并应按现行国家标准《胶粘剂拉伸剪切强度测定方法(金属对金属)》GB/T 7124 的规定和要求制备,粘结用的金属试片应为粘合面经过糙化处理的 45 号钢。

2 试件的数量应不少于 15 个,且应随机均分为 3 组;其中一组为对照组,另两组为老化试验组。

3 试件胶缝经 7d 固化后,应对金属外露表面涂以防锈油漆进行密封,但应防止油漆粘染胶缝。

14.1.3 老化性能测定的步骤

1 试件完全固化时应立即按现行国家标准《胶粘剂拉伸剪切强度测定方法(金属对金属)》GB/T 7124 的规定,先测定对照组试件的初始抗剪强度。

2 将老化试验组的试件放入老化箱内,试件相互之间、试件与箱壁之间不得接触。对仲裁性试验,试样与箱壁、箱底和箱顶的距离应不少于 150mm。

3 在恒温、恒湿达到 30d 时,应取出一组试件进行抗剪试验。若试件抗剪强度降低百分率大于 15%,该老化试验即可中止。若试件抗剪强度降低百分率强度小于 15%,应继续进行至规定时间。

4 试验达到 90d(对 B 级胶为 60d),并降温至 35℃时,即可将试样取出置于密闭器皿中,待与室温平衡后,逐个进行抗剪破坏试验,且每组试验应在 30min 内完成。

14.1.4 试验结果计算

老化试验完成后,应按下式计算抗剪强度降低百分率,取二位有效数字:

$$\rho_{R,i} = \frac{R_{0,i} - R_i}{R_{0,i}} \times 100\% \qquad (14.1.4)$$

式中 $\rho_{R,i}$——第 i 组老化试验后抗剪强度降低百分率(%);
  $R_{0,i}$——对照组试样初始抗剪强度算术平均值;
  R_i——经老化试验后第 i 组试样抗剪强度算术平均值。

14.1.5 试验方法依据

本方法系参照欧洲标准《结构胶粘剂·试验方法 5——湿热老化试验》EN 2243—5/1992 和我国国家标准《玻璃纤维增强塑料湿热试验方法》GB/T 2574—1989 制定的,但在检测的力学性能项目和湿热环境的条件上,按结构加固的要求作了选择与调整;在老化时间和老化检验合格指标的制订上,按胶粘剂的等级作了分档处理;因而能较好地检出使用劣质固化剂及其他劣质添加剂的结构胶粘剂。

14.2 富填料胶体、聚合物砂浆体劈裂抗拉强度测定方法

(参照《混凝土结构加固设计规范》GB 50367—2006 附录 G)

14.2.1 适用范围

1 本方法适用于测定粘结锚固件用胶粘剂、粘结钢丝绳网片用聚合物砂浆以及其他富填料胶体的劈裂抗拉强度。

2 本方法仅适用于圆柱体试件的劈裂抗拉试验；不得引用于立方体劈裂抗拉试验。

14.2.2 试件

1 劈裂抗拉试件的直径为 20mm；长度为 40mm；允许偏差为±0.1mm；由受检的胶粘剂或聚合物砂浆浇注而成。试件的养护方法及养护要求应符合产品使用说明书的规定。

2 劈裂抗拉试验的试件数量，每组不应少于 3 个。

14.2.3 试验结果计算

1 圆柱体劈裂抗拉强度测试值应按下式计算：

$$f_{ct}=\frac{2F}{\pi dl}=\frac{0.637F}{dl} \qquad (14.2.3)$$

式中　f_{ct}——圆柱体劈裂抗拉强度测试值(MPa)；
　　　F——试件破坏荷载(N)；
　　　d——劈裂面的试件直径(mm)；
　　　l——试件的长度(mm)。

圆柱体劈裂抗拉强度计算精确至 0.01MPa。

2 圆柱体劈裂抗拉强度有效值应按下列规定进行确定：

1）以三个测值的算术平均值作为该组试件的有效强度值；

2）若一组测值中，有一最大值或最小值，与中间值之差大于 15% 时，以中间值作为该组试件的有效强度值；

3）若最大值和最小值与中间值之差均大于 15%，则该组试验结果无效，应重做。

3 当需要计算劈裂抗拉试验结果标准差及变异系数时，应至少有 15 个有效强度值。

14.2.4 测定方法说明

富填料胶粘剂及高强聚合物砂浆，其力学性能介于胶粘剂与高强度水泥砂浆之间，直接进行拉伸试验较为困难，不少国家已改用劈裂抗拉试验。其优点是试验结果的离散性小，试验方法又简便，因而在结构设计选材上得到了广泛的应用。

本书采用的劈裂抗拉试验方法，虽然在概念上是引自混凝土和水泥砂浆，但由于胶粘剂和高强聚合物砂浆在实际应用上，其体积远比前者小，且初凝较快，无法采用大尺寸的试件而必须重新设计。为此，《混凝土结构加固设计规范》编制组通过大量的对比试验与统计分析，筛选出适用于胶粘剂和复合砂浆的试件形状与尺寸。其试用情况表明，劈拉的测值不仅能反映粘结材料的抗拉性能，而且不同品种材料的强度分布区间较有规律性，有助于制订合格评定标准。但应注意的是：由于试件尺寸小，需采用小吨位的试验机进行试验，才能得到精确的结果。

14.3 高强聚合物砂浆体抗折强度的测定方法

（参照《混凝土结构加固设计规范》GB 50367—2006 附录 H）

14.3.1 适用范围

本方法适用于高强聚合物砂浆体抗折强度的测定。

14.3.2 取样规则

1 验证性试验用的抗折试样，应在试验室按产品使用说明书的要求专门配制，并按每盘拌合物取样制作一组试件，每组不少于 5 个试件的原则确定应拌合的盘数。拌合时试验室的温度应在(23 ± 2)℃。

2 工程质量检验用的抗折试样，应在现场随机选取 3 盘拌合物，每盘取样制作一组试件，每组试件不应少于 3 个。

3 拌合物取样后，应在产品说明书规定的适用期（按分钟计）内浇注成试件；不得使用逾期的拌合物浇注试件。

14.3.3 试件制备

1 高强聚合物砂浆的抗折强度测定，应采用截面为 30mm×30mm、长度为 120 mm 的棱柱形试件。

2 试件应在符合《混凝土结构加固设计规范》GB 50367 附录 H.2.1 条要求的模具中制作、浇注、捣实和养护；其养护制度和拆摸时间应按聚合物砂浆产品使用说明书确定，但养护时间应以 28d 为准。

3 试件拆模后，应检查试件表面的缺陷；凡有裂纹、麻点、孔洞、缺损的试件应弃用。

14.3.4 试验结果

1 当试件的破坏点位于两集中荷载作用线之间时为正常破坏;若破坏点位于集中荷载作用线与支座之间时为非正常破坏。

2 正常破坏的试件,其抗折强度值 f_b 应按下式计算:

$$f_b = Pl_b/bh^2 \qquad (14.3.4)$$

式中　P——试件破坏荷载(N);
　　　l_b——试件跨度(mm);
　　b 和 h——试件截面的宽度和高度(mm)。

抗折强度计算应精确至 0.1MPa。

3 一组试件的抗折强度值的确定应符合下列规定:

　1) 当一组试件的破坏均属正常破坏时,以全组测值的算术平均值表示;

　2) 当一组试件中仅有一个测值为非正常破坏时,应弃去该测值,而以其余测值的算术平均值表示;

　3) 当一组试件中非正常破坏值不止一个时,该组试验无效。

14.4 混凝土强度和加固材料性能的标准值

14.4.1 混凝土强度标准值

混凝土轴心抗压强度标准值 f_{ck} 和混凝土轴心抗拉强度标准值 f_{tk} 见表 14.4.1。

混凝土强度标准值(N/mm²)　　　表 14.4.1

强度种类	混凝土强度等级													
	C15	C20	C25	C30	C35	C40	C45	C50	C55	C60	C65	C70	C75	C80
f_{ck}	10.0	13.4	16.7	20.1	23.4	26.8	29.6	32.4	35.5	38.5	41.5	44.5	47.4	50.2
f_{tk}	1.27	1.54	1.78	2.01	2.20	2.39	2.51	2.64	2.74	2.85	2.93	2.99	3.05	3.11

14.4.2 加固材料性能的标准值

加固材料性能的标准值(f_{ck}),应根据抽样检验结果按下式确定：
$$f_k = m_f - k \cdot s \qquad (14.4.2)$$

式中 m_f——按 n 个试件算得的材料强度平均值；
　　s——按 n 个试件算得的材料强度标准差；
　　k——与 α、c 和 n 有关的材料强度标准值计算系数，由表 14.4.2 查得。

材料强度标准值计算系数 k 值　　表 14.4.2

n	$\alpha=0.05$ 时的 k 值				n	$\alpha=0.05$ 时的 k 值			
	$c=0.99$	$c=0.95$	$c=0.90$	$c=0.75$		$c=0.99$	$c=0.95$	$c=0.90$	$c=0.75$
4	—	5.145	3.957	2.680	15	3.102	2.566	2.329	1.991
5	—	4.202	3.400	2.463	20	2.807	2.396	2.208	1.933
6	5.409	3.707	3.092	2.336	25	2.632	2.292	2.132	1.895
7	4.730	3.399	2.894	2.250	30	2.516	2.220	2.080	1869
10	3.739	2.911	2.568	2.103	50	2.296	2.065	1.965	1.811

表中 α——正态概率分布的分位值；根据材料强度标准值所要求的 95% 保证率，取 $\alpha=0.05$；
　　c——检测加固材料性能所取得置信水平（置信度）。

15 粘结能力检测方法

15.1 锚固用胶粘剂拉伸抗剪强度测定方法(钢套筒法)

(参照《混凝土结构加固设计规范》GB 50367—2006 附录J)

15.1.1 适用范围及应用条件

本方法标准为测定富填料结构胶粘剂及高强聚合物砂浆拉伸抗剪强度的专用测定方法；是为了解决这类粘结材料采用常规试验方法有困难而制定的。

1 该方法适用于以结构胶粘剂为粘结材料粘合带肋钢筋及钢套筒的拉伸抗剪强度测定。

2 该方法为植筋和化学锚栓用胶粘剂的专用方法；不得用于测定其他用途胶粘剂的拉伸抗剪强度。

15.1.2 试件

1 试件由受检胶粘剂粘结直径为12mm的带肋钢筋与专用钢套筒组成(图15.1.2)。试件的剪切面长度为(36±0.5)mm。

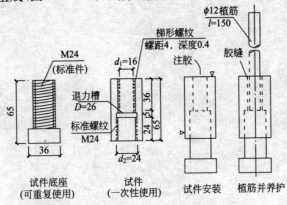

图 15.1.2 标准试样的形式与尺寸(mm)

2 受检胶粘剂或聚合物砂浆应按规定的抽样规则从一定的批量产品中抽取。

3 专用钢套筒应采用 45 号碳钢制作。套筒内壁应有螺距为 4mm、深度为 0.4mm 的梯形螺纹。

4 试件数量应符合下列规定：

常规试验的试件：每组不应少于 5 个；

确定抗剪强度标准值的试件数量应按试验：每组不应少于 15 个。

15.1.3 试验结果

1 胶粘剂的抗剪强度 f_{vu}，应按下列公式计算：

$$f_{vu} = P/0.8\pi Dl \tag{15.1.3}$$

式中　P——拉伸的破坏荷载(N)；

　　　D——钢套筒的内径(mm)；

　　　l——粘结面长度(mm)。

2 试验结果的计算应取三位有效数字。

15.2 胶粘剂粘合加固材与基材的正拉粘结强度试验室测定方法及评定标准

(参照《混凝土结构加固设计规范》GB 50367—2006　附录F)

15.2.1 适用范围

1 本方法适用于试验室条件下以结构胶粘剂为粘结材料粘合(浇注)下列加固材料与基材，在均匀拉应力作用下发生内聚、粘附或混合破坏的正拉粘结强度测定：

1) 纤维复合材与基材混凝土；

2) 钢板与基材混凝土。

2 本方法不适用于以结构胶粘剂粘合质量大于 $300g/m^2$ 碳纤维织物与基材混凝土的正拉粘结强度测定。

15.2.2 试件

1 试验室条件下测定正拉粘结强度应采用组合式试件，试件由混凝土试块(图 15.2.2-1)、胶粘剂、加固材料(如纤维复合材或薄钢板)及钢标准块相互粘合而成(图 15.2.2-2)。

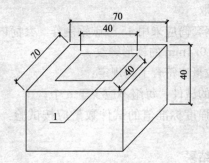

图 15.2.2-1 混凝土试块尺寸
1—预切缝

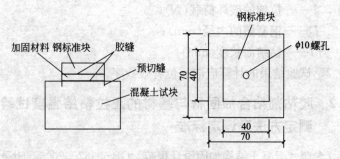

图 15.2.2-2 正拉粘结强度的试验试件

2 试样组成部分的制备应符合下列规定:

1) 受检胶粘剂应按产品使用说明书规定的工艺要求进行配置和使用。

2) 混凝土试块的尺寸应为 70mm×70mm×40mm;其混凝土强度等级应为 C40~C50;试块浇筑后应经 28d 标准养护;试块使用前,应以专用的机械切出深度为 4~5mm 的预切缝,缝宽约 2mm,如图 15.2.2-1 所示。预切缝围成的方形平面,其尺寸应为 40mm×40mm,并应位于试块的中心。混凝土试块的粘贴面(方形平面)应作糙化处理;必要时,还可用界面胶粘剂处理;处理后的粘贴面应保持平整、洁净。

3) 受检的纤维复合材应按规定的抽样规则取样；从纤维复合材中间部位裁剪出尺寸为 40mm×40mm 的试件；试件外观应无划痕和折痕；粘合面应洁净，无油脂、粉尘等影响胶粘的污染物。

4) 受检的钢板应从施工现场取样，并切割成 40mm×40mm 的试件，其板面及周边应加工平整，且应经除油污和喷砂处理；粘合前，尚应用丙酮擦洗干净。

3 试件的粘合、浇注与养护

首先在混凝土试块的中心位置，按规定的粘合工艺粘贴加固材料（如纤维复合材或薄钢板），若为多层粘贴，应在胶层触干时立即粘贴下一层。试件粘贴或浇注完毕后，应按产品使用说明书规定的工艺要求进行加压、养护；待完全固化后，用快固化的高强胶粘剂将钢标准块粘贴在试件表面，每一道作业均应检查各层之间的对中情况。

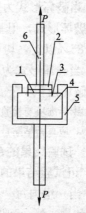

图 15.2.2-3　试件组装
1—胶粘剂及被粘合的加固材料；
2—钢标准块；3—预切缝；4—混凝土试块；5—钢夹具；6—传力螺杆

4 试件应安装在钢夹具(见图15.2.2-3)内并拧上传力螺杆。安装完成后各组成部分的对中标志线应在同一轴线上。

5 常规试验的数量每组不应少于 5 个；仲裁试验的试样数量应加倍。

15.2.3 试验结果计算

1 正拉粘结强度应按下式计算：

$$f_{ti}=P_i/A_{ai} \tag{15.2.3}$$

式中　f_{ti}——试件 i 的正拉粘结强度(MPa)；

　　　P_i——试件 i 破坏时的荷载值(N)；

A_{ai}——金属标准块 i 的粘合面面积(mm^2)。

2 试样破坏形式应按下列规定划分：

1) 内聚破坏：应分为基材混凝土内聚破坏和受检粘结材料的内聚破坏；后者可见于使用低性能、低质量胶粘剂的场合。

2) 粘附破坏(层间破坏)：应分为胶层与基材之间的界面破坏及胶层与纤维复合材料或钢板之间的界面破坏。

3) 混合破坏：粘合面出现两种或两种以上的破坏形式。

3 破坏形式正常性判别，应符合下列规定：

1) 当破坏形式为基材混凝土内聚破坏或虽出现两种或两种以上的破坏形式，但基材混凝土内聚破坏形式的破坏面积占粘合面面积85%以上，均可判为正常破坏。

2) 当破坏形式为粘附破坏、粘结材料内聚破坏或基材混凝土内聚破坏面积少于85%的混合破坏，均应判为不正常破坏。

注：钢标准块与检验用高强、快固化胶粘剂之间的界面破坏，属检验技术问题，应重新粘贴；不参与破坏形式正常性评定。

15.2.4 试验结果的合格评定

1 组试验结果的合格评定，应符合下列规定：

1) 当一组内每一试件的破坏形式均属正常时，应舍去组内最大值和最小值，而以中间三个值的平均值作为该组试验结果的正拉粘结强度推定值；若该推定值不低于《混凝土结构加固设计规范》GB 50367—2006 第 4 章规定的相应指标，则可评该组试件正拉粘结强度检验结果合格。

2) 当一组内仅有一个试件的破坏形式不正常，允许以加倍试件重做一组试验。若试验结果全数达到上述要求，则仍可评定该组为试验合格组。

2 检验批试验结果的合格评定应符合下列要求：

1) 若一检验批的每一组均为试验合格组，则应评该批粘结材料的正拉粘结性能符合安全使用的要求。

2) 若一检验批中有一组或一组以上为不合格组，则应评该批粘结材料的正拉粘结性能不符合安全使用要求。

3) 若检验批由不少于 20 组试件组成，且仅有一组被评为试验不合格组，则仍可评该批粘结材料的正拉粘结性能符合使用要求。

15.2.5 适用范围的说明

1 试验室条件下的正拉粘结强度测定，主要用于新开发的粘结材料进入加固市场前的验证性试验，以及加固设计选材的检验；另外，当对产品质量有怀疑时，也可按见证取样的规定，送独立试验室进行检验；

2 本方法系在试验室条件下，以俯贴方式进行粘合操作，无法反映厚型碳纤维织物现场粘贴存在的严重问题，因而不适用于质量大于 $300g/m^2$ 碳纤维织物与基材的正拉粘结强度测定。

15.3 约束拉拔条件下胶粘剂粘结钢筋与基材混凝土的粘结强度测定方法

（参照《混凝土结构加固设计规范》GB 50367—2006 附录 K）

15.3.1 适用范围

1 本方法适用于以锚固型胶粘剂粘结带肋钢筋与基材混凝土，在约束拉拔条件下测定其粘结强度。

2 对下列材料的拉拔粘结强度测定也可使用本方法：

1) 以专用胶粘剂粘合加长型定型化学锚栓与基材；
2) 以全螺纹螺杆替代带肋钢筋的粘结强度测定。

15.3.2 试件

1 本试验的试件由受检胶粘剂和植入混凝土块体的热轧带肋钢筋组成。每组试件不少于 5 个。

2 热轧带肋钢筋的公称直径应为 25mm；钢筋等级不宜低于 400 级；其表面应无锈迹、油污和尘土污染；外观应平直、无弯曲，其相对肋面积应在 0.055～0.065 之间。钢筋的长度应根据其埋深及夹具尺寸和检测仪的千斤顶高度确定。

钢筋的植入深度，对 C30 混凝块体为 150mm（6 倍钢筋直径);对 C60 混凝土块体应为 125mm(5 倍钢筋直径)。

3 受检的胶粘剂应由独立检验单位从成批的产品中通过随机抽样取得;其包装和标志应完好无损,不得采用散装的胶粘剂或过期的胶粘剂进行试验。

15.3.3 植筋

1 植筋前应检测混凝土块材钻孔部位的含水率,其检测结果应符合试验设计的要求。

2 钻孔的直径及其实测的偏差应符合胶粘剂产品使用说明书的规定。

3 植筋前的清孔,应采用胶粘剂厂家提供的专用设备,但清孔的吹和刷的次数应比产品使用说明书规定的次数减少一半;若产品说明书的规定为两吹一刷,则实际操作时只吹一次而不再刷;若产品说明书未规定清孔的方法和次数,则试验时不进行清孔。

4 植筋胶液的调制和注胶方法应严格按胶粘剂产品使用说明书的规定执行。

5 在注入胶液的孔中,应立即插入钢筋,并按顺时针方向边转边插,直至达到规定的深度。

6 植筋完毕应静置养护;养护的条件和时间应按产品使用说明书的规定执行;养护到期的当天应立即进行拉拔试验;若因故推迟不得超过 1d。

15.3.4 拉拔试验

1 试验环境的温度应为(23±2)℃;相对湿度应为 60%～70%。若受检的胶粘剂对湿度敏感,相对湿度应控制在 45%～55%。

2 将粘结强度检测仪的空心千斤顶穿过钢筋安装在混凝土块体表面的钢垫板上,并通过其上部的夹具,夹持植筋试件,并仔细对中、夹持牢固。

3 启动可控油门,均匀、连续地施荷,并控制在 2～3min 内破坏;

4 记录破坏时的荷载值及破坏形式。

15.3.5 试验结果

1 约束拉拔条件下的粘结强度 $f_{b,c}$ 的计算应符合下列规定：

$$f_{b,c}=N_u/\pi d_0 l_b \qquad (15.3.5)$$

式中 N_u——拉拔的破坏荷载(N)；
　　　d_0——钢筋公称直径(mm)；
　　　l_b——钢筋锚固深度(mm)。

2 破坏形式应符合下列情况，若遇到钢筋先屈服的情况，应检查其原因，并重新制作试件进行试验。

1) 胶粘剂与混凝土粘合面粘附破坏；
2) 胶粘剂与钢筋粘合面粘附破坏；
3) 混合破坏。

15.3.6 试验方法依据

本方法标准系参照欧洲技术认证组织 EOTA 的《后锚固连接(植筋)技术报告》ETAG N°001/2003(第 5 部分)制定的，但根据我国自 1998 年以来积累的试验数据和检测、评估经验进行了修改和补充。

15.4 定向纤维增强塑料拉伸性能试验方法

(参照《定向纤维增强塑料拉伸性能试验方法》GB/T 3354—1999)

15.4.1 范围

本标准规定了定向纤维增强塑料拉伸性能试验的方法。

本标准适用于测定纤维增强塑料 0°、90°、0°/90°和均衡对称层合板拉伸性能。

15.4.2 方法原理

将等横截面的矩形薄板直条形试样进行轴向拉伸试验。测定拉伸强度、模量、泊松比、破坏伸长率及应力-应变曲线等。

15.4.3 试样

1 试样几何形状及尺寸见图 15.4.3 和表 15.4.3。

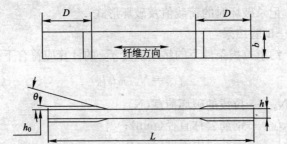

图 15.4.3 拉伸性能试样

L—试样长度；b—试样宽度；h—试样厚度；D—加强片长度；
h_0—加强片厚度；θ—加强片斜削角

试样尺寸　　　　　　　表 15.4.3

试样类别	L(mm)	b(mm)	h(mm)	D(mm)	h_0(mm)	θ
0°	230	15±0.5	1～3	50	1.5	15°～90°
90°	170	25±0.5	2～4	50	1.5	15°～90°
0°/90°	230	25±0.5	2～4			

注：1　仲裁试样厚度：2.0mm±0.1mm。
　　2　测定泊松比时也可采用无加强片直条形试样。
　　3　测定 0°泊松比时试样宽度也可采用 25mm±0.5mm。

2 试样数量：一组试验试样不少于 5 个。

15.4.4 试验结果计算

1 拉伸强度按式(15.4.4-1)计算：

$$\sigma_t = \frac{P_b}{b \times h} \quad (15.4.4\text{-}1)$$

式中　σ_t——拉伸强度(MPa)；
　　　P_b——试样破坏时的最大载荷(N)；
　　　b——试样宽度(mm)；
　　　h——试样厚度(mm)；

2 拉伸弹性模量按式(15.4.4-2)计算：

$$E_t = \frac{\Delta P \times l}{b \times h \times \Delta l} \text{ 或 } E_t = \frac{\Delta P}{b \times h \times \Delta \varepsilon} \quad (15.4.4\text{-}2)$$

式中 E_t——拉伸弹性模量(MPa);

　　　ΔP——荷载-变形曲线或荷载-应变曲线上初始直线段的荷载增量(N);

　　　Δl——与 ΔP 对应的标距 l 内的变形增量(mm);

　　　l——测量标距(mm);

　　　$\Delta \varepsilon$——与 ΔP 对应的应变增量。

　3　拉伸破坏伸长率按式(15.4.4-3)计算:

$$\varepsilon_t = \frac{\Delta l_b}{l} \times 100 \qquad (15.4.4-3)$$

式中 ε_t——拉伸破坏伸长率(%);

　　　Δl_b——试样破坏时标距 l 的总伸长量(mm)。

　4　绘制应力-应变曲线。

　5　泊松比按下式计算:

$$\mu_{LT} = \frac{-\varepsilon_T}{\varepsilon_L} \qquad (15.4.4-4)$$

$$\varepsilon_L = \frac{\Delta l_L}{l_L} \qquad (15.4.4-5)$$

$$\varepsilon_T = \frac{\Delta l_T}{l_T} \qquad (15.4.4-6)$$

式中 μ_{LT}——泊松比;

　　　ε_L、ε_T——分别为与 ΔP 相对应的纵向(L)应变和横向(T)应变;

　　　l_L、l_T——分别为纵向和横向的测量标距(mm);

　　　Δl_L、Δl_T——分别为与 ΔP 相对应的标距 l_L、l_T 的变形增量(mm)。

　6　按《纤维增强塑料性能试验方法总则》GB/T 1466—2005 的规定对每一组试验结果计算平均值、标准差和离散系数。

15.4.5　沿纤维方向拉伸时的破坏

　　单向复合材料在 L 方向拉伸时,随着拉伸荷载的增加,在比较薄弱的横截面上首先发生个别纤维断裂,纤维断裂的累积数量随着荷载的不断增加而非线性地增多。一般说来,当作用荷载超过极限荷载的50％时才会有个别纤维的断裂，而且是完全随机的过程，即断裂纤维的断口在不同的横截面上。直到某个薄弱横截面失去承载能力而破坏（这种基于横截面由于纤维累积破坏而产生削弱的模型称为累积削弱破坏模型）。从破坏的现象来看，一般有三种破坏形式：1）脆断；2）有纤维拔出基体的脆断；3）不仅有纤维拔出，而且还带有界面基体剪切破坏或者部分脱粘脆断。三种破坏模式如图15.4.5所示。纤维间基体的剪切破坏和部分脱粘可能各自独立地发生，也可能联合发生。这取决于粘结强度和荷载由基体传递到纤维的机理。

同时，破坏模式还与纤维含量有很大关系。对于玻璃纤维单向复合材料来说，当纤维含量较低时（$V_f < 40\%$），脆性破坏为主[见图15.4.5(a)]；当具有中等纤维含量时（$40\% < V_f < 65\%$），其破坏表现为带有纤维拔出的脆断[见图15.4.5(b)]；当纤维含量较高或浸胶性能不好时，破坏多表现为第三种破坏形式[见图15.4.5(c)]。只要孔隙率不太大，上述范围是比较准确的。

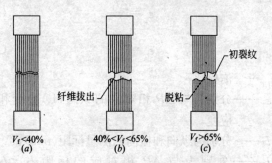

图15.4.5 沿纤维方向拉伸时的破坏形式

15.5 单向纤维增强塑料弯曲性能试验方法

（参照《单向纤维增强塑料弯曲性能试验方法》GB/T 3356—1999）

15.5.1 范围

本标准规定了单向纤维增强塑料弯曲性能试验的方法。

本标准适用于测定单向纤维增强塑料层合板的弯曲强度、弯曲模量和荷载-挠度曲线。对称层合板也可参照采用。

15.5.2 方法原理

用矩形截面的试样，简支梁三点弯曲中心加载进行弯曲试验（见图15.5.2）

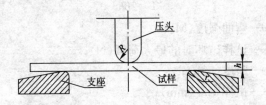

图15.5.2 试样、加载压头和支座示意图

15.5.3 试样

1 试样几何形状（见图15.5.3）

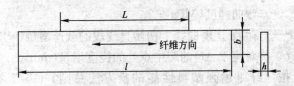

图15.5.3 试样几何形状

l—试样长度；L—跨度；b—试样宽度；h—试样厚度

2 试样尺寸

跨厚比 L/h；

碳纤维增强塑料 $L/h=32\pm1$；

玻璃纤维和芳纶增强塑料 $L/h=16\pm1$。

标准试样尺寸：

试样厚度 $h=2.0mm\pm0.2mm$；

试样宽度 $b=12.5mm\pm0.5mm$

试样长度 $l=L\pm15mm$。

3 每组试样数量不少于5个。

4 试样制备

按《纤维增强塑料性能试验方法总则》GB/T 1466—2005的规定。

15.5.4 计算

1 弯曲强度按式(15.5.4-1)计算：

$$\sigma_f = \frac{3PL}{2bh^2} \tag{15.5.4-1}$$

式中 σ_f ——弯曲强度(MPa)；

P ——试样破坏时的最大荷载(N)；

L ——跨度(mm)；

b ——试样宽度(mm)；

h ——试样厚度(mm)。

2 弯曲弹性模量按式(15.5.4-2)计算：

$$E_t = \frac{\Delta P \cdot L^3}{4b \cdot h^3 \cdot \Delta f} \tag{15.5.4-2}$$

式中 E_t ——弯曲强度(MPa)；

ΔP ——荷载-挠度曲线上初始直线段的载荷增量(N)；

Δf ——对应于 ΔP 的跨中点处的挠度增量(mm)。

3 按《纤维增强塑料性能试验方法总则》GB/T 1466—2005的规定计算平均值、标准差和离散系数。

15.6 纤维复合材层间剪切强度测定方法

(参照《混凝土结构加固设计规范》GB 50367—2006 附录D)

15.6.1 适用范围

1 本方法适用于测定以湿法铺层、常温固化成型的单向纤维织物复合材的层间剪切强度；也可用于测定叠合胶粘、常温固化的多层预成型板的层间剪切强度。

多向纤维织物复合材，若其试件长度方向的纤维体积含量在25%以上时，也可按本方法测定其层间剪切强度。

2 本方法测定的纤维复合材层间剪切强度可用于纤维材料与胶粘剂的适配性评定。

15.6.2 试样制备

1 备料应符合下列规定：

1) 受检的纤维织物应按抽样规则取得；并应裁成 300mm×200mm 的片材。其片数：对 $200g/m^2$ 的碳纤维织物，一次成型应为 14 片；对 $300g/m^2$ 的碳纤维织物，一次成型应为 10 片；对玻璃纤维或芳纶纤维织物，应经试制确定其所需的片数。受检的纤维织物，应展平放置，不得折叠；其表面不应有起毛、断丝、油污、粉尘和褶皱。

2) 受检的胶粘剂，应按抽样规则取得；并应按一次成型需用量由专业人员配制；用剩的胶液不得继续使用。配置及使用胶液的工艺要求应符合产品使用说明书的规定。

2 试样制备应符合下列规定：

1) 湿法铺层工序

在室温条件下，安装好钢模板，经清理洁净后，将聚酯薄膜铺在其板面上，铺时应充分展平，不得有褶皱和破裂口。在薄膜上用刮板均匀涂布胶液，随即进行铺层（即敷上一层纤维织物）；铺层时，应用刮板和滚筒刮平、压实，使胶液充分浸渍织物，使纤维顺直、方向一致；然后再涂胶、再铺层，逐层重复上述操作，直至全部铺完，并在最上层纤维织物面上铺放一张聚酯薄膜。

2) 施压成型工序

在顶层铺放聚酯薄膜后，即可安装钢压板，准备进入施压成型工序。施压成型全过程也应在室温条件下进行。此时，应先在钢底板长度方向两端置放规定的钢垫板，以控制层积厚度。然后安装钢压板、槽钢和螺杆，并经检查无误后，即可拧紧螺杆进行施压，使层积厚度下降，直至钢压板触及两端钢垫扳为止，并应在施压状态下静置 24h。

3) 养护工序

试样从成型模具中取出后，尚应继续养护 144h，养护温度应控制在 $(23\pm2)℃$。严禁采用人工高温的养护方法。在养护期间不得扰动或进行任何机械加工,也不得受到日晒、雨淋或受潮。

15.6.3 试件制作

1 试件应从试样中部切取;最外一个试件距试样边缘不应小于30mm,加工试件宜用金刚石车刀,且宜在用水润滑后进行锯、刨或磨光等作业。试件边缘应光滑、平整、相互平行。试件加工人员应戴防尘眼镜、应着防护衣帽及口罩;严防粉尘粘附皮肤。

2 一般情况下,应取试件长度 $l=30mm\pm1mm$;宽度 $b=6.0mm\pm0.5mm$;其厚度按模压确定,即 $h=4mm\pm0.2mm$(见图15.6.4)。每组试件数量不应少于5个;若需确定试验结果的标准差,每组试件数量不应少于15个;仲裁试验的试件数量应加倍。

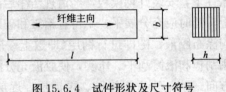

图15.6.4 试件形状及尺寸符号
l—试件长度;h—试件高度;b—试件宽度

15.6.4 试验结果

1 试件层间剪切强度按下式计算:

$$f_s=\frac{3P_b}{4bh} \tag{15.6.5}$$

式中 f_s——层间剪切强度(MPa);
P_b——试件破坏时的最大荷载(N);
b——试件宽度(mm);
h——试件厚度(mm)。

2 试件的典型破坏形式(图15.6.5)
1) 层间剪切破坏 [图15.6.5(a)];
2) 弯曲破坏:或呈上边缘纤维压皱,或呈下边缘纤维拉断

[图15.6.5(b)]；

3) 非弹性变形破坏 [图15.6.5(c)]。

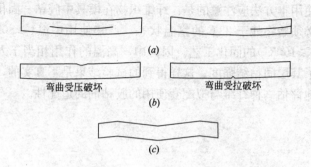

图 15.6.5　试件的破坏形式
(a)层间剪切破坏；(b)弯曲破坏；(c)非弹性变形破坏

3　破坏正常性判别及处理：

1) 当发生图15.6.5(a)的破坏时，属层间剪切正常破坏；当发生图15.6.5(b)或(c)的破坏时，属非层间剪切的不正常破坏。

2) 当一组试件中仅有一根破坏不正常时，可重做试验，但试件数量应加倍。若重做试验全数破坏正常，仍可认为该组试验结果可以使用；若仍有试件破坏不正常，则应认为该种纤维与所配套的胶粘剂在适配性上不良；并应重新对胶粘剂进行改性，或改用其他型号胶粘剂配套。

15.6.5　测定方法说明

本方法是参照美国 ASTM 的《复合材料短梁及其板材强度标准试验方法》D2344/D2344M 和我国现行国家标准《单向纤维增强塑料层间剪切强度试验方法》GB 3357 制定的。在工程结构领域中，之所以不能直接引用上述标准，是因为它们主要适用于工厂条件下，以中、高温固化工艺生产的纤维复合材或塑料，未考虑施工现场条件下，以湿法铺层和常温固化工艺制作的纤维复合材。然而后者却是工程结构加固主要使用的工艺。

本方法及纤维复合材料的层间剪切强度合格指标，可以用于评估一种纤维织物与其拟配套使用的胶粘剂在剪切性能方面的适配性问题。

使用本方法应注意的是：纤维织物在模具中胶粘、固化成型时，必须始终处于23℃的室温状态，严禁使用中温($\geqslant 80℃$)或高温($\geqslant 150℃$)的固化工艺。因为中、高温的作用相当于人为地提高了其层间粘结强度。这样得到的试验结果是不真实的，不能正确地评估一种纤维与拟配套使用的胶粘剂的适配性。

16 现场施工质量检测

16.1 锚固承载力现场检验方法及评定标准

（参照《混凝土结构加固设计规范》GB 50367—2006 附录N）

16.1.1 适用范围及应用条件

1 本方法适用于混凝土结构种植钢筋和锚栓工程锚固质量的现场检验。

2 种植钢筋和锚栓的锚固质量应按抗拔承载力的现场抽样检验结果进行评定。

3 锚固件抗拔承载力现场检验分为非破损检验和破坏性检验。选用时应符合第 16.1.1 条第 4 款和第 5 款的规定。

4 对下列场合应采用破坏性检验方法对锚固质量进行现场检验：

1) 重要结构构件；
2) 悬挑结构、构件；
3) 对该工程锚固质量有怀疑；
4) 仲裁性检验。

5 当按第 4 款 1)的规定，对重要结构构件锚栓锚固质量采用破坏性检查方法确有困难时，若该批锚栓连接系按设计及《混凝土结构加固设计规范》GB 50367—2006 的规定进行施工，允许在征得业主和单位同意的情况下，改用非破损抽样检验方法，但必须按表 16.1.2 确定抽样数量。

6 对一般结构构件，其锚固件锚固质量的现场检验允许采用非破损检验方法。

7 若受现场条件限制，无法进行原位破坏性检验操作时，允许在工程施工的同时（不得后补），在被加固结构近旁，以专门浇筑的同强度等级的混凝土块体为基材种植钢筋或安装锚栓，并按规定的时间进行破坏性检验；但应事先征得设计和监理单位的书面同意，并在场见证试验。

16.1.2 抽样规则

1 锚固质量现场检验抽样时，应以同品种、同规格、同强度等级的锚固件安装于锚固部位基本相同的同类构件为一检验批，并应从每一检验批所含的锚固件中进行抽样。

2 现场破坏性检验的抽样，应选择易修复和易补种的位置，取每一检验批锚固件总数的1‰，且不少于5件进行检验。若锚固件为植筋，且种植的数量不超过100件，可仅取3件进行检验。

3 现场非破损检验的抽样，应符合下列规定：

1) 锚栓锚固质量的非破损检验：

a. 对重要结构构件，应在检查该检验批锚栓外观质量合格的基础上，按表16.1.2规定的抽样数量，对该检验批的锚栓进行随机抽样。

b. 对一般结构构件，可按重要结构构件抽样量的50%，且不少于5件进行随机抽样。

重要结构构件锚栓锚固质量非破损检验抽样表　表16.1.2

检验批的锚栓总数	≤100	500	1000	2500	≥5000
按检验批锚栓总数计算的最小抽样量	20%，且不少于5件	10%	7%	4%	3%

注：当锚栓总数介于两栏数量之间时，可按线性内插法确定抽样数量。

2) 植筋锚固质量的非破损检验：

a. 对重要结构构件，应按其检验批植筋总数的3%，且不少于5件进行随机抽样。

b. 对一般结构构件，应按1%，且不少于3件进行随机抽样。

4 当不同行业标准的抽样规则与《混凝土结构加固设计规范》GB 50367—2006不一致时，对承重结构加固工程的锚固质量检验，必须按《混凝土结构加固设计规范》（GB 50367—2006）的规定执行。

5 胶粘的锚固件，其检验应在胶粘剂达到其产品说明书标示的完全固化时间的当天进行。若因故需推迟抽样与检验日期，除应征得监理单位同意外，且不得超过3d。

16.1.3 仪器设备要求

1 现场检测用的加荷设备，可采用专门的拉拔仪或自行组装的拉拔装置，但应符合下列要求：

1）设备的加荷能力应比预计的检测荷载值至少大20%，且应能连续、平稳、速度可控地运行；

2）设备的测力系统，其整机误差不得超过全量程的±2%，且应具有峰值贮存功能；

3）设备的液压加荷系统在短时（≤5min）保持荷载期间，其降荷值不得大于5%；

4）设备的夹持器应能保持力线与锚固件轴线的对中；

5）设备的支承点与植筋之间的净间距，应不小于3d（d为植筋或锚栓的直径），且不应小于60mm；设备的支承点与锚栓的净间距不应小于$1.5h_{ef}$（h_{ef}为有效埋深）。

2 当委托方要求检测重要结构锚固件连接的荷载-位移曲线时，现场测量位移的装置，应符合下列要求。

1）仪表的量程应不少于50mm；其测量的误差不应超过±0.02mm；

2）测量位移装置应能与测力系统同步工作，连续记录，测出锚固件相对于混凝土表面的垂直位移，并绘制荷载-位移的全程曲线。

注：若受条件限制，允许采用百分表，以手工操作进行分段记录。此时，在试样到达荷载峰值前，其位移记录点应在12点以上。

16.1.4 拉拔检验方法

检验锚固拉拔承载力的加荷制度分为连续加荷和分级加荷两

种，可根据实际条件进行选用，但应符合下列规定：

1 非破损检验

1）连续加荷制度

应以均匀速率在 2～3min 时间内加荷至设定的检验荷载，并在该荷载下持荷 2min。

2）分级加荷制度

应将设定的检验荷载均分为 10 级，每级持荷 1min 至设定的检验荷载，且持荷 2min。

3）非破损检验的荷载检验值应符合下列规定：

a. 对植筋，应取 $1.15N_d$ 作为检验荷载；

b. 对锚栓，应取 $1.3N_d$ 作为检验荷载。

注：N_d 为锚固件连接受拉承载力设计值，应由设计单位提供；检测单位及其他单位均无权自行确定。

2 破坏性检验

1）连续加荷制度

对锚栓应以均匀速率控制在 2～3min 时间内加荷至锚固破坏。

对植筋应以均匀速率控制在 2～7min 时间内加荷至锚固破坏。

2）分级加荷制度

应按预估的破坏荷载值 N_u 作如下划分：前 8 级，每级 $0.1N_u$，且每级持荷 1～1.5min；自第 9 级起，每级 $0.05N_u$，且每级持荷 30s，直至锚固破坏。

3）植筋的破坏形态（见图 16.1.4）

16.1.5 检验结果的评定

1 非破损检验的评定，应根据所抽取的锚固试样在持荷期间的宏观状态，按下列规定进行：

1） 当试样在持荷期间锚固件无滑移、基材混凝土无裂纹或其他局部损坏迹象出现，且施荷装置的荷载示值在 2min 内无下降或下降幅度不超过 5% 的检验荷载时，应评定其锚固质量

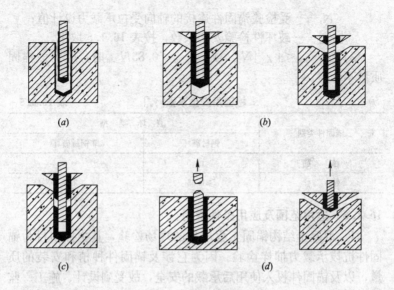

图 16.1.4 植筋的破坏形态
(a)内聚破坏；(b)粘附破坏；(c)混合破坏；(d)材料破坏

合格。

2) 若一个检验批所抽取的试样全数合格，应评定该批为合格批。

3) 当一个检验批所抽取的试样中仅有 5% 或 5% 以下不合格（不足一根，按一根计）时，应另抽 3 根试样进行破坏性检验。若检验结果全数合格，该检验批仍可评为合格批。

4) 若一个检验批抽取的试样中不止 5%（不足一根，按一根计）不合格，应评该批为不合格批，且不得重做任何检验。

2 破坏性检验结果的评定，应按下列规定进行：

1) 当检验结果符合下列要求时，其锚固质量评为合格：

$$N_{u,m} \geqslant [\gamma_u] N_t \qquad (16.1.5\text{-}1)$$

且

$$N_{u,\min} \geqslant 0.85 N_{u,m} \qquad (16.1.5\text{-}2)$$

式中 $N_{u,m}$——受检验锚固件极限抗拔力实测平均值；

$N_{u,\min}$——受检验锚固件极限抗拔力实测最小值；

N_t——受检验锚固件连接的轴向受拉承载力设计值;

$[\gamma_u]$——破坏性检验安全系数,按表16.1.5取用。

2)当$N_{u,m}<[\gamma_u]N_t$,或$N_{u,min}<0.85N_{u,m}$时,应评该锚固质量不合格。

检验用安全系数$[\gamma_u]$ 表16.1.5

锚固件类别	破坏类型	
	钢材破坏	非钢材破坏
植 筋	≥1.45	—
锚 栓	≥1.65	≥3.5

16.1.6 适用范围及应用条件说明

1 混凝土结构锚固工程质量的现场检验,其主控项目为锚固件抗拔承载力抽样检验。因为它涉及锚固件种植和安装的质量,以及锚固件投入使用后承载的安全,故受到设计、施工、监理和业主等各方的共同关注,但其检验标准必须由设计规范制定,才能确保锚固工程完工后具有国家标准所要求的施工质量和锚固承载的安全可靠性。

2 破坏性检验虽然检出劣质产品、不良施工质量的能力最强,且样本量可比非破损检验小得多,但它所造成的基材混凝土破坏在不少情况下是很难修复或重新安装锚固件的。因此,本方法标准规定了在不得已情况下允许使用非破损检验方法的条件。这里应指出的是非破损检验所需的样本量远远大于破坏性检验,因为其检出劣质产品或不良施工质量的能力很低,必须依靠增加检验数量来防止不合格的锚固工程过关。

3 该方法同样适用于进口的产品,不论其在原产地是否经过技术认证,一旦进入我国市场,且用于承重结构工程上,均应执行我国设计、施工规范的规定。

16.2 胶粘剂粘合加固材与基材的正拉粘结强度现场测定方法及评定标准

(参照《混凝土结构加固设计规范》GB 50367—2006

附录E)

16.2.1 适用范围

1 本方法适用于现场条件下以结构胶粘剂为粘结材料,粘合(或浇注)下列加固材料与基材,在均匀拉应力作用下发生内聚、粘合或混合破坏的正拉粘结强度测定:

1) 结构胶粘剂粘合纤维复合材与基材混凝土;

2) 结构胶粘剂粘合钢板与基材混凝土。

2 当承重结构加固设计要求做纤维织物与胶粘剂的适配性检验时,应采用本方法进行正拉粘结强度项目的测定。

16.2.2 试验设备

1 结构加固工程现场使用的粘结强度检测仪,应坚固、耐用且携带和安装方便;其技术性能不应低于现行国家标准《数显式粘结强度检测仪》GB 3056 的要求。检测仪应每年检定一次。

2 钢标准块的形状可根据实际情况选用方形或圆形。方形标准块的尺寸为 40mm×40mm;圆形标准块的直径为 50mm;钢标准块的厚度不宜小于 20mm,且应采用 45 号钢制作。钢标准块应带有传力螺杆,其尺寸和夹持构造,应根据所使用的检测仪确定。

3 当适配性检验需在模拟现场的条件下进行时,应配备仰贴纤维复合材用的钢架。该钢架宜采用角钢制作,其顶部构造应能搁置并固定 3 块板面尺寸不小于 600mm×2100mm 的预制混凝土板;其板下的空间应能满足仰贴作业的需要。预制混凝土板的强度等级应按受检产品的适用范围确定,但不得低于 C30。

16.2.3 抽样规则

1 粘贴质量检验

1) 对梁、柱类构件以同规格、同型号的构件为一检验批。每批构件随机抽取的受检构件应按该批构件总数的 10% 确定,但不得少于 3 根;以每根受检构件为一检验组;每组 3 个检验点。

2) 对板、墙类构件应以同种类、同规格的构件为一检验批,每批按实际粘贴的加固材料表面积(不论粘贴的层数)均匀划分为若干区,每区100m²(不足100m²,按100m²计),且每一楼层不得少于1区;以每区为一检验组,每组3个检验点。

3) 现场检验的布点应在胶粘剂固化已达到可以进入下一工序之日进行。若因故需推迟布点日期,不得超过3d。

4) 布点时,应由独立检验单位的技术人员在每一检验点处,粘贴钢标准块以构成检验用的试件。钢标准块的间距应不小于500mm,且有一块应粘贴在加固构件的端部。

2　适配性检验

1) 应由独立检验机构会同有关单位,在12℃和35℃的气温(自然或人工环境均可)中各制备3个试样,并分别进行检验。

2) 应以安装在钢架上的3块预制混凝土板为基材,在两种气温中,每块板分别仰贴一条尺寸为0.25m×2.1m、由4层纤维织物粘合而成的试样。

3) 应以每一试样为一检验组,每组5个检验点。每一检验点粘贴钢标准块后即构成一个试件。

16.2.4　试件制备应符合下列要求:

1 基材表面处理:检测点的基材混凝土表面应清除污渍并保持干燥。

2 切割预切缝:从清理干净的表面向混凝土基材内部切割预切缝,切入混凝土深度为10~15mm,缝的宽度约2mm,预切缝形状为边长40mm的方形或直径50mm的圆形,视选用的切缝机械而定。切缝完毕后,应再次清理混凝土表面。

3 粘贴钢标准块:应选用快固化、高强胶粘剂进行粘贴。钢标准块粘贴后应立即固定;在粘结剂完全固化前,不得受到任何扰动。

16.2.5　试验步骤

1 试验应在布点日期算起的第8天进行,试验时应按粘结强度检测仪的使用说明书正确安装仪器,并连接钢标准块(图16.2.5)。

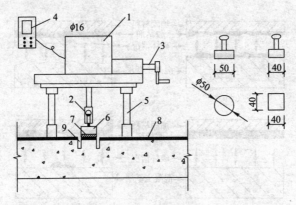

图 16.2.5 仪器安装及与钢标准块连接示意图
1—粘结强度测定仪；2—夹具；3—加荷摇柄；4—数字式测力计；5—反力支承架；
6—钢标准块；7—高强、快固化的胶粘剂；8—纤维复合材；9—混凝土表面预切缝

2 以均匀速率连续加荷，控制在 1～1.5min 内破坏；记录破坏时的荷载值，并观测其破坏形式。

16.2.6 试验结果

1 正拉粘结强度应按下式计算：

$$f_{ti} = P_i / A_{ai} \quad (16.2.6)$$

式中 f_{ti}——试样 i 的正拉粘结强度(MPa)；

P_i——试样 i 破坏时的荷载值(N)；

A_{ai}——钢标准块 i 的粘合面面积(mm²)。

2 破坏形式及其正常性判别

破坏形式见图 16.2.6。

1) 内聚破坏

——基材混凝土内聚破坏：即混凝土内部发生破坏；

——胶粘剂内聚破坏：可见于使用低性能、低质量胶粘剂的胶层中；

2) 粘附破坏(层间破坏)

——胶层与基材混凝之间的界面破坏；

3) 混合破坏

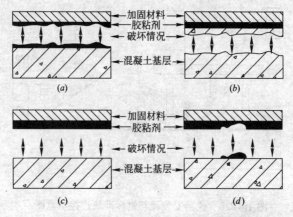

图 16.2.6 混凝土与加固材料粘结的破坏形式
(a)胶粘剂内聚破坏;(b)基材混凝土内聚破坏;
(c)粘附破坏(层间破坏);(d)混合破坏

粘合面出现两种或两种以上的破坏形式。

注:钢标准块与高强、快固化胶粘剂之间的界面破坏,属检验技术问题,与破坏形式判别无关,应重新粘贴,重做试验。

胶粘剂内聚破坏是由于胶粘剂内聚强度低于界面结合强度和被粘材料的内聚强度造成的。混凝土内聚破坏是由于混凝土内聚强度低于界面结合强度和粘结材料的内聚强度造成的。界面破坏是由于胶粘剂和被粘材料之间结合力极弱,粘结界面破坏时,从界面脱粘,此时胶粘剂和被粘材料的内聚强度均高于界面结合强度。混合破坏是由于胶粘剂内聚强度、界面结合强度和被粘材料的内聚强度相同造成的。材料破坏是由于被粘材料的内聚强度低于界面结合强度和胶粘剂内聚强度造成的。

3 试验结果正常性判别

若破坏形式为基材混凝土内聚破坏,或虽出现两种或两种以上的破坏形式,但基材混凝土内聚破坏形式的破坏面积占粘合面面积85%以上,均可判为正常破坏。若破坏形式为粘附破坏、胶粘剂内聚破坏,以及基材混凝土内聚破坏的面积少于85%的混合破坏，均应判为不正常破坏。

16.2.7　检验结果的合格评定

1　加固材料粘贴质量检验组检验结果的合格评定，应符合下列规定：

1) 当组内每一试样的正拉粘结强度均达到现行国家标准《混凝土结构加固设计规范》GB 50367相应指标的要求，且其破坏形式正常时，应评定该组为检验合格组；

2) 若组内仅一个试样达不到上述要求，允许以加倍试样重新做一组检验，如检验结果全数达到要求，仍可评定该组为检验合格组；

3) 若重做试验中，仍有一个试样达不到要求，则应评定该组为检验不合格组。

2　检验批的粘贴质量的合格评定，应符合下列规定：

1) 当批内各组均为检验合格组时，应评定该检验批构件加固材料与基材混凝土的粘合质量合格；

2) 若有一组或一组以上为检验不合格组，则应评定该检验批构件加固材料与基材混凝土的粘合质量不合格；

3) 若检验批由不少于20组试样组成，且检验结果仅有一组因个别试样粘结强度低而被评为检验不合格组，则仍可评定该检验批构件的粘合质量合格。

3　适配性检验的正拉粘结性能合格评定，应符合下列规定：

1) 当不同气温条件下检验的各组均为检验合格组时，应评定该型号纤维织物与拟配套使用的胶粘剂，其适配性检验的正拉粘结性能合格；

2) 若本次检验中，有一组或一组以上检验不合格，应评定该型号纤维织物与拟配套使用的胶粘剂，其适配性检验的正拉粘结性能不合格；

3) 当仅有一组，且组中仅有一个检测点不合格时，允许以加倍的检测点数重做一次检验。若检验结果全组合格，仍可评定为适配性检验的正拉粘结性能合格。

16.2.8 试验方法说明

1 在采用纤维复合材加固钢筋混凝土结构、构件时,其加固设计的选材,不仅要以纤维材料与胶粘剂的适配性检验结果为依据,而且要求这项检验必须在模拟现场仰贴的条件下进行。因此,对结构加固设计而言,这个方法标准是不可或缺的。

2 这个方法标准虽早已被各国所采用,但在试验设计水平和技术要求的尺度上存在着差别。从承重结构的安全保障出发,以大量对比试验与分析结果为依据制定的这项方法标准,其试用情况表明:对劣质胶粘剂和不适用的纤维织物具有较强的检出能力,因而可用于结构加固的适配性试验和粘贴质量检验。

3 本方法对适配性检验所规定的纤维织物尺寸,是根据以下两点的考虑确定的:一是目前国内采用的纤维织物,其幅宽多为 0.25m;二是试样倘若过宽,粘贴时容易出现空鼓,影响检验结果的正确性。另外,取纤维织物长度为 1.6m,主要是考虑粘贴钢标准块的间距不宜小于 0.5m,边距不宜小于 0.3m 的要求。这里还需指出的是,当受检的织物幅宽略大或略小一些也可以使用。但若宽达 1.0m,仍以裁成标准宽度为宜,以免粘贴不均匀,影响检验结果。

16.3 旋转黏度计法测定的胶粘剂黏度

(参照《旋转黏度计法测定的胶粘剂黏度》GB/T 2794—1995)

16.3.1 主题内容与适用范围

本标准规定了使用旋转黏度计测定胶粘剂黏度方法。

本标准旋转黏度计法适用于牛顿流体或近似牛顿流体特性的胶粘剂黏度测定。

16.3.2 原理

旋转黏度计测量的黏度是动力黏度,它是基于表观黏度随剪切速率变化而呈可逆变化。

16.3.3 仪器和设备

1 旋转黏度计。

2 恒温浴：能保持(23±0.5)℃(也可按胶粘剂要求选用其他温度)。

3 温度计：分度为0.1℃。

4 容器：直径不小于6cm，高度不低于11cm的容器或旋转黏度计上附带的容器。

5 秒表：精度为0.2s。

6 量筒：50mL。

7 恒温室：能保持(23±0.5)℃。

16.3.4 试样

1 试样应该均匀无气泡。

2 试样量要能满足旋转黏度计测定需要。

16.3.5 试验步骤

1 同种试样应该选择适宜的相同转子和转速，使读数在刻度盘的20%~80%范围内。

2 将盛有试样的容器放入恒温浴中，使试样温度与试验温度平衡，并保持试样温度均匀。

3 将转子垂直浸入试样中心部位，并使液面达到转子液位标线(有保护架应装上)。

4 开动旋转黏度计，读取旋转时指针在圆盘上不变时的读数。

5 每个试样测定三次。

16.3.6 结果表示

旋转黏度计法中，取三次试样测试中最小一个读数值，取有效数三位。

16.3.7 测定结果

旋转黏度计法：将读数按黏度计规定进行计算，以Pa·s或MPa·s表示。

16.4 喷射混凝土强度的评定

（参照《喷射混凝土加固技术规程》CECS 161：2004）

16.4.1 适用范围

本方法适用于喷射混凝土抗压强度的评定。

16.4.2 抽样原则

1 采用同材料、同配合比、同喷射工艺的喷射混凝土可划分为一个验收批，在同一验收批中，每一工作班的每 $50m^3$ 或小于 $50m^3$ 混凝土应至少抽取一组（3 块）用于检验混凝土强度的试块。

2 用于检验喷射混凝土抗压强度的试块，应在喷射现场随机制取。

16.4.3 标准试块制作

标准试块采用的原材料、配合比、喷射条件应与实际工程相同。标准试块应从现场喷射的混凝土板件中切割或钻取成形。

大板切割法的模具尺寸为 450mm×350mm×120mm（长×宽×高）；钻取芯样法的模具尺寸为 500mm×400mm×120mm（长×宽×高）；高度方向的一面敞开为喷筑面。

试块制作与加工的步骤如下：

1 在喷射作业现场，将模具喷筑面朝下倾斜，与水平面夹角约 80°，置于墙角。

2 先在模具外试喷，待操作正常后，将喷头移至模具位置，由下而上，逐层向模具内喷射混凝土。

3 将喷射满混凝土的模具移置安全可靠的地方，用三角抹具刮平混凝土表面。

4 将混凝土大板移到试验室，一昼夜后脱模。在标准条件下养护 7d 且混凝土强度等级达 C10 以上进行切割或钻取。采取大板切割法时，用切割机去掉周边和上表面（底面可不切割）后，加工成边长为 100mm 的立方体试块。立方体试块的允许偏差：边长不大于±1mm，直角不大于2°。采取取芯法时，用取芯机钻取ϕ100mm的芯样，将芯样端面切割并磨平，端面不平整为每100mm长度不大于0.05mm，垂直度不大于2°。

5 继续在标准条件下养护至28d龄期，然后进行抗压强度试验。

16.4.4 每组3个试块应在同一批混凝土喷筑的同一块板件上制取，对有明显缺陷的试块应予以舍弃。每组试块的喷射混凝土强度代表值应按下列规定确定：

1 取3个试块抗压强度的平均值；

2 当3个试块抗压强度的最大值或最小值之一与中间值之差超过中间值的15%时，取中间值；

3 当3个试块抗压强度的最大值和最小值与中间值之差均超过中间值的15%时，该组试块不应该作为强度评定的依据。

16.4.5 喷射混凝土强度的合格判定应按承重构件和非承重构件分别进行。

1 承重构件加固用喷射混凝土的强度，当同时满足下列公式的要求时，该批混凝土的质量应判为合格：

当同批试块组数$n \geq 10$时，

$$m_{fcu} - \lambda_1 s_{fcu} \geq 0.9 f_{cu,k} \quad (16.4.5\text{-}1)$$

$$f_{cu,min} \geq \lambda_2 f_{cu,k} \quad (16.4.5\text{-}2)$$

式中 m_{fcu}——同一验收批喷射混凝土强度代表值的平均值(N/mm^2)；

s_{fcu}——同一验收批喷射混凝土强度代表值的标准差(N/mm^2)；

$f_{cu,k}$——设计的喷射混凝土强度标准值(N/mm^2)；

$f_{cu,min}$——同一验收批喷射混凝土强度的最小值(N/mm^2)；

λ_1、λ_2——合格判定系数，按表16.4.5取用。

合格判定系数 表16.4.5

试件组数	10~14	15~24	≥25
λ_1	1.7	1.65	1.6
λ_2	0.90	0.85	

当同批试块组数 $n<10$ 时，

$$m_{fcu} \geqslant 1.15 f_{cu,k} \qquad (16.4.5\text{-}3)$$

$$f_{cu,min} \geqslant 0.95 f_{cu,k} \qquad (16.4.5\text{-}4)$$

2 非承重构件加固用喷射混凝土的强度，当同时满足下列公式的要求时，该批混凝土的质量应判定为合格：

$$m_{fcu} \geqslant f_{cu,k} \qquad (16.4.5\text{-}5)$$

$$f_{cu,min} \geqslant 0.85 f_{cu,k} \qquad (16.4.5\text{-}6)$$

16.5 阻锈剂使用效果检测与评定

（参照《混凝土结构加固设计规范》GB 50367—2006 附录R）

16.5.1 本方法适用于已有混凝土结构喷涂阻锈剂前后，通过量测其内部钢筋锈蚀电流的变化，对该阻锈剂的阻锈效果进行评估。

16.5.2 评估用的检测设备和技术条件应符合下列规定：

1 应采用专业的钢筋锈蚀电流测定仪及相应的数据采集分析设备，仪器的测试精度应能达到 $0.1\mu A/cm^2$。

2 电流测定可采用静态化学电流脉冲法(GPM)，也可采用线性极化法(LPM)。当为仲裁性检测时，应采用静态化学电流脉冲法。

3 仪器的使用环境要求及测试方法应按厂商提供的仪器使用说明书执行，但厂商必须保证该仪器测试的精度能达到使用说明书规定的指标。

16.5.3 测定钢筋锈蚀电流的取样规则应符合下列规定：

1 梁、柱类构件，以同规格、同型号的构件为一检验批，每批构件的取样数量不少于该批构件总数的1/5，且不得少于3根；每根受检构件不应少于3个测值。

2 板、墙类构件，以同规格、同型号的构件为一检验批。

至少每200m²(不足者按200m² 计)设置一个测点,每一测点不应少于3个测值。

3 露天、地下结构以及临海混凝土结构,取样数量应加倍。

4 测量钢筋中的锈蚀电流时,应同时记录环境的温度和相对湿度。条件允许时,宜同步测量半电池电位、电阻抗和混凝土中的氯离子含量。

16.5.4 混凝土结构中钢筋锈蚀程度及锈蚀破坏开始产生的时间预测可按表16.5.4进行估计。

混凝土构件中钢筋锈蚀程度判定及破坏发生时间预测　　表16.5.4

锈蚀电流	锈蚀程度	锈蚀破坏开始时间预测
$<0.2\mu A/cm^2$	无	不致发生锈蚀破坏
$0.2\sim1\mu A/cm^2$	轻微锈蚀	>10 年
$1\sim10\mu A/cm^2$	中度锈蚀	$2\sim10$ 年
$>10\mu A/cm^2$	严重锈蚀	<2 年

注:对重要结构,当检测结果$>2\mu A/cm^2$ 时,应加强锈蚀监测。

16.5.5 喷涂阻锈剂效果的评估应符合下列规定:

1 应在喷涂阻锈剂150d后,采用同一仪器(至少应采用相同型号的测试仪)对阻锈处理前测试的构件进行原位复测。其锈蚀电流的降低率应按下式计算:

$$锈蚀电流的降低率 = \frac{I_0 - I}{I_0} \times 100\% \quad (16.5.5)$$

式中I为150d后的锈蚀电流平均值,I_0为喷涂阻锈剂前的初始锈蚀电流平均值。

2 当检测结果达到下列指标时,可认为该工程的阻锈处理符合《混凝土结构加固设计规范》GB 50367—2006 的要求,可以重新交付使用:

　　1) 初始锈蚀电流$\geqslant 1\mu A/cm^2$ 的构件,其150d后锈蚀电流的降低率不小于80%;

　　2) 初始锈蚀电流$<1\mu A/cm^2$ 的构件,其150d后锈蚀电流的降低率不小于50%。

17 施工中的污染和防护

17.1 施工污染的危害

加固施工中存在污染环境和影响人体健康的主要因素有：噪声、粉尘、溶剂、胶粘剂等，认识其危害性，提高自我防护意识，减少对环境的污染，是非常必要的。

17.1.1 毒性及侵入途径

所谓毒性物质是指该物质在微量的情况下侵入人体，就能与人体组织发生物理或化学作用，引起人体正常生理机能的破坏，称之为中毒，这种物质称为毒性物质。中毒通常分为急性中毒和慢性中毒。急性中毒是在高浓度、短时间的暴露情况下发生的大量毒物质突然侵入人体所致中毒现象；慢性中毒虽然也可以在同一条件下发生，但通常是在较低浓度、长时间的暴露情况下毒性侵入人体后发生的累积性中毒。慢性中毒开始时无明显症状。

物质毒性用 LD_{50} 表示，LD_{50}——半致死量或半致死浓度，其单位为 mg/kg(体重)或用 mg/m^3。半致死量是指一次吸入的毒物，引起半数试验动物死亡的剂量。LD_{50} 值越大，毒性越小；LD_{50} 值越小，毒性越大。按各类物质 LD_{50} 数值，进行物质毒性分级的标准，见表 17.1.1。

物质毒性分级标准　　　　表 17.1.1

	大鼠一次口服 LD_{50}(mg/kg)	兔涂皮 LD_{50}(mg/kg)	人的可能致死量 g
剧毒	<1	<10	0.06
高毒	1~50	10~100	4
中毒	50~500	100~1000	30

续表

	大鼠一次口服 LD_{50} (mg/kg)	兔涂皮 LD_{50} (mg/kg)	人的可能致死量 g
低毒	500～5000	1000～10000	250
实际无害	5000～15000	10000～100000	1200
基本无害	>15000	>100000	>1200

毒性物质侵入人体的途径有以下几种：

1 通过皮肤与黏膜侵入

当毒性物质污染皮肤后其中的某些游离单体或低分子物就有可能经毛囊通过皮脂腺被吸收。也有些腐蚀性物质首先灼伤皮肤，再经破坏处的皮肤侵入体内。如在制胶等的操作中经常接触有机溶剂，造成皮肤表面脂肪被溶解，更容易使毒物经皮肤被吸收。

2 经呼吸道侵入

某些易挥发的具有刺激味觉的低分子物、溶剂的蒸气、填料的粉尘等，经由呼吸而进入呼吸道，是造成中毒的主要原因。

3 经消化道侵入

正常施工中误食毒性物质的情况较少，但在污染的空气环境中进食，用被污染的手取食物，用装过有毒物质的器皿盛食物，易引起中毒。此途径虽一部分可经肝脏解毒粪便排出，但仍有进入血液的。虽没有前两种严重，但也是要注意避免。

17.1.2 噪声

在加固施工中，用砂轮机打磨混凝土构件和金属表面，其噪声非常大，一般情况下，达到100dB的声音即为强噪声，在此条件下工作的人会暂时降低听力，事后能够恢复；但是噪声在150dB以上的环境下长期工作，会造成听力减弱，严重的甚至失聪。长期暴露在强噪声环境中，会导致听觉器官发生病变，神经细胞死亡，造成永久性的听力损失；长期暴露在强噪声环境中，对中枢神经也有影响，可能使人出现心慌、易疲劳、反应迟钝等神经衰弱的症状，导致劳动效率降低，也容易引发安全事故。

在《工业企业噪声控制设计规范》GBJ 87—85 中规定，生产车间及作业场所，每天连续接触噪声 8h，其噪声应控制在 90dB 以下。对于工人每天接触噪声不足 8h 的场合，可根据实际接触噪声的时间，按接触时间减半噪声限值增加 3dB 的原则，确定其噪声限制值，但最高值不得超过 115dB。噪声 dB 确定的方法：在室内无声源发声的条件下，从室外经由墙、门、窗（门窗启闭状况为常规状况）传入室内平均噪声级。

17.1.3 粉尘和纤维性尘埃

一个成年人每天大约需要 $19m^3$ 空气，以便从中取得所需的氧气。在空气中能够较长时间浮游于其间的固体微粒叫粉尘。如果工人在含尘浓度高的场所作业，吸入肺部的粉尘量就多，当尘粒达到一定数量时，就会引起肺部组织发生纤维化病变，使肺部组织逐渐硬化，失去正常的呼吸功能，称为尘肺病。按发病原因，尘肺可分为五类：矽肺、硅酸盐肺、混合性尘肺、焊工尘肺和其他尘肺。

尘肺病的发病率，取决于作业场所的粉尘浓度高低和粉尘粒子大小：凡浓度越高，尘粒越小，危害越大，发病率越高。对人体危害最大的是直径 $5\mu m$ 以下的细微尘粒，因其浮游在空气中的时间长，极易被人呼吸到肺中，其结果严重的是引起尘肺病。

吸入含有二氧化硅（原称"矽"）粉尘而引起的尘肺称为矽肺。粉尘中游离二氧化硅的含量越高，对人体的危害越大。在对混凝土构件表面打磨处理的过程中，将产生大量的粉尘，其中二氧化硅的含量较高，因此施工中应采取有效措施。表 17.1.3-1 为表面处理作业时，产生的粉尘颗粒的分布情况。从中可以看到，打磨的方式不同，粉尘颗粒直径大小的分布有变化。为了减少磨料产生的二氧化硅粉尘的影响，一般控制磨料中二氧化硅的含量，喷砂时严禁使用超过 70% 的石英砂。

粉尘颗粒的分布　　　　　表 17.1.3-1

表面处理的种类	粉尘颗粒直径(μm)		
	<5	5~10	>10
工具除锈	约80%	5%~10%	5%~10%
喷砂	约90%	约5%	<5%
抛丸	约70%	约20%	10%

胶粘剂中的填料一般是无毒的，但这种粉尘吸入人体是有害的。例如石棉对肺是致癌物质。几种填料粉尘最高容许含量见表17.1.3-2。

几种填料粉尘最高容许含量　　　表 17.1.3-2

填料粉尘名称	最高容许含量 (mg/m^3)	填料粉尘名称	最高容许含量 (mg/m^3)
石英粉	2	滑石粉	4
石棉粉	2	水泥粉	6

玻璃纤维是人造矿物纤维的一种，它对人类有无危害，是否有致癌性，人们对此十分关注，特别是当石棉被列为致癌物质时，人们的担心更是可以理解的。近十年来欧美一些国家大量研究资料证明，无论是老鼠还是人吸入玻璃纤维，都未见肺癌发病率的增高。

人可吸入玻璃纤维长度为 5~200μm，直径小于 3μm。长度与直径之比为 3∶1 的短纤维、细纤维比较容易吸入，但也容易从肺中清除。近年来国外有人用配制的肺液进行溶解模拟试验，并依次推算其完全溶解所需的时间见表 17.1.3-3。

不同纤维的溶解试验结果　　　表 17.1.3-3

纤维类别	原始直径 (μm)	密度 (g/cm^3)	溶解速度 [ng/(cm^2·h)]	完全溶解所需时间 (年)
石棉	2.5	2.4	0.1	约340
硅酸铝棉	2.5	2.65	3	5

续表

纤维类别	原始直径（μm）	密度（g/cm³）	溶解速度[ng/(cm²·h)]	完全溶解所需时间（年）
岩棉	2.5	2.85	20	2
矿渣棉	2.5	2.85	400	0.1
玻璃纤维	2.5	2.50	100～300	0.1～0.25

石棉被吸到肺的深处，它将永远存在人体内，不会溶解，而玻璃纤维只需要几个月的时间被溶解吸收掉了。

17.1.4 溶剂

这里指的溶剂是指在通常的干燥条件下，可挥发的并能溶解有机物的液体。在施工过程中，溶剂用来清除混凝土构件和金属构件粘贴表面的污渍，清洗施工操作人员手上或皮肤上的胶粘剂，加入胶粘剂中改善其物理性能，因此在加固施工中用得比较广泛。

作为溶解剂、稀释剂和表面处理剂的有机溶剂，多数是有毒和易燃的，其毒性大小因溶剂种类不同而异。苯、甲苯、二甲苯对神经和血液有危害，长期接触会慢性中毒，感觉疲乏无力，头痛失眠。汽油、丙酮和乙醇等虽然无毒，但会使皮肤脱脂、粗糙、干裂。表 17.1.4 中有机溶剂的允许限度的多少，从另一侧面反映了常用有机溶剂毒性的大小。

有机溶剂的允许限度　　　　　表 17.1.4

允许限度（ppm）	溶 剂 名 称
5	苯胺、二甲基苯胺、丙烯醇、丙烯腈、苯酚
10	乙二胺、苯、四氯化碳、吡啶、丙烯酸甲酯
20	二硫化碳、溴甲烷
25	乙胺、二乙胺、三乙胺
50	二甲醚、三氯甲烷
75	氯苯
100	二氧甲烷、二氯乙烷、三氯乙烯、甲酸甲酯、甲基丁基酮、甲基丙烯酸甲酯、正丁醇、环己酮、苯乙烯、硝基乙烷、异戊醇

续表

允许限度 (ppm)	溶 剂 名 称
200	二甲基溶纤剂、二甲苯、甲苯、甲醇、四氢呋喃、正丙醇、醋酸丁酯、醋酸戊酯
250	丁酮
400	乙醚、环己烷、异丙醇、醋酸乙酯
500	正己烷、正庚烷、石脑油、溶剂汽油
1000	乙醇、丙酮、正戊烷

17.1.5 胶粘剂

胶粘剂的毒性和燃烧性与其成分有关,主要由树脂、单体、溶剂、固化剂、交联剂、稀释剂、引发剂、促进剂、防老剂、填料等所引起,在粘结和固化过程中产生毒性。不同种类的胶粘剂,其毒性原因和程度也不相同。

1 以酚醛树脂(包括脲醛树脂)为基料的胶粘剂,因含有游离苯酚和甲醛,对人体的皮肤、呼吸道和眼睛的粘膜有刺激作用,表现为发红、搔痒、皮炎、流泪、胸闷、头昏等症状。

2 环氧树脂中残留的单体有一定的毒性。环氧胶中毒性较大的是胺类固化剂,尤其是乙二胺对呼吸系统、血液系统、神经系统和皮肤等有较为严重的刺激和毒害。几种胺类固化剂的物理性能及毒性见表 17.1.5。

几种胺类固化剂的物理性能及毒性　　表 17.1.5

名称	沸点(℃)	20℃挥发性(Pa)	LD_{50}
乙二胺	116	1466.54	1260
二乙烯三胺	206	26.66	2330
三乙烯四胺	277	1.33	4340
β-羟乙基乙二胺	240	1.13	4032
间苯二胺	固		80(最小致死量)
间苯二甲胺	液		1750

3 聚氨酯胶粘剂中的异氰酸酯毒性最大,能够破坏粘膜,引起呼吸道损伤,长期吸入会使人体衰弱,严重时可发生肺水肿

等症。

4 配制溶液胶粘剂用的三氯甲烷、二甲基甲酰胺、环已酮、氯苯等都有较大的毒性。

5 不饱和聚酯胶粘剂的交联单体苯乙烯，虽然毒性较低，但挥发性较大，气味难闻。

17.2 施工防护

17.2.1 粉尘和噪声

在对混凝土构件或金属构件表面进行打磨处理时，粉尘和噪声相伴而生，刺耳的打磨声、迷漫的粉尘充斥现场。尤其在相对密闭或狭小的空间作业，其程度更严重。在施工过程中，可根据情况采取如下措施：

1 操作人员应戴口罩、眼镜、防尘帽、耳塞。

2 连续工作2h应到打磨现场外休息一段时间；连续工作数天后，应有轮换。在加固施工现场是容易做到的。

3 工作完毕后，应洗澡，更换清洗工作服。

4 采用喷射砂浆或混凝土进行修复或加固的作业区，其粉尘浓度不应大于 $10mg/m^3$。

5 为减少对施工周边环境的影响和污染：在周边安置临时隔板或围幔，降低噪声和粉尘；错开与周边的施工或休息时间；改变表面处理工艺，如打磨时可以容许浇水，以降低粉尘和噪声。

6 打磨混凝土构件和金属构件表面产生的粉尘不但对人体健康有影响，粉尘颗粒下沉时，极易粘附在处理后的构件表面，若清洗不干净，直接影响粘结的质量。因此，应在打磨工序已经完成，尘埃基本落定之后，再进行粘贴表面的清洗和胶的配制。

17.2.2 配胶和有机溶剂清洗

配制胶粘剂应有专门的工作间，这样有利于化学药品的管理，减少对周边环境的污染，便于有害物质的统一处理。因环境条件限制不能保证时，在现场应用材料隔离出专门的工作间。工作现场和操作人员应按下面条件施工：

1 工作间应有良好的通风,称量、混合、配胶应布置在通风良好的地方。

2 工作间外应有明显的不准外人进入的标志,工作间内严禁明火、吸烟,不应进食。

3 在配胶、用有机溶剂清洗构件表面、粘贴时应穿工作服,戴口罩及手套。工作间内空气中有毒物质含量应控制在规定的限度内(见表17.2.2)。

有毒物质的最高允许浓度　　　　　表 17.2.2

物质名称	最高容许浓度 (mg/m³)	物质名称	最高容许浓度 (mg/m³)
乙　醚	500	苯	40
丙　酮	400	甲　苯	100
溶剂汽油	300	甲　醛	3
苯　酚	5	醋酸甲酯	100
甲　醇	50	醋酸乙酯	300
二甲苯	100	松节油	300
四氯化碳	25	环已酮	50
三氯乙烯	30	二甲基苯胺	5

17.2.3 纤维织物加固施工

在纤维织物裁剪、粘贴的加固施工过程中,由于纤维织物的丝很细,容易扎入皮肤,纤维织物表面纤维性尘埃容易粘附在皮肤上,使操作人员接触后,可能引起暂时性的皮肤、眼睛或粘膜刺激。造成的皮肤骚痒并不是过敏反应,而是一种机械性的刺激,实际中极少有过敏反应。即便如此,在施工中也应按以下方法进行防护,减少操作人员的不舒适感:

1 穿宽松合适的长袖衣服并在腕部、踝部扎紧,戴手套。

2 当在密闭或通风不良的场所或高于面部或头顶的施工操作时,应戴眼镜,帽子。

3 工作完毕后,用肥皂清洗手和皮肤,单独清洗工作服。

18 加固工程投标标书章节样本

为了帮助加固工程技术标书的编写，以下是作者单位参加一个工程加固改造项目编写的投标标书的章节目录。读者可以根据工程的具体情况增减章节，而其中的内容可以依据业主、设计的要求和相关规范、标准、施工特点和环境的要求充实完整。

目　录

第1章　编制说明
1.1　编制内容及范围
1.2　编制依据
1.3　编制宗旨

第2章　工程概况
2.1　工程总体简介
2.2　建筑设计概述
2.3　结构设计概述
2.4　场地概况
2.5　工程特征
2.6　业主招标要求
2.7　业主对工程质量要求

第3章　施工总平面布置
3.1　施工总平面布置及说明
3.2　布置原则
3.3　布置依据
3.4　施工道路及排水
3.5　临设设施的布置
3.6　施工用电

3.7 施工用水
3.8 通信
3.9 医疗卫生与消防措施

第4章 施工准备
4.1 组织准备
4.2 技术准备
4.3 施工现场准备
4.4 人力资源准备
4.5 材料及机械设备的准备
4.6 经济责任制

第5章 施工部署
5.1 施工组织原则及项目管理人员
5.2 项目组织机构
5.3 管理职责的分配
5.4 各部门的职责分工
5.5 施工协调管理
5.6 施工控制目标管理
5.7 施工总体目标
5.8 质量保证体系
5.9 施工过程中的质量监控系统
5.10 安全生产与文明施工管理体系
5.11 施工流水段的划分及施工顺序
5.12 施工组织要点
5.13 施工进度

第6章 主要工程项目的施工程序和施工方法
6.1 加固基本原则
6.2 检测鉴定
6.3 加固改造结构施工图深化设计
6.4 加固施工
6.4.1 开挖及拆除工程

6.4.2 粘贴碳纤维工程
6.4.3 粘钢工程
6.4.4 外粘型钢加固工程
6.4.5 植筋工程
6.4.6 裂缝修补工程

第7章 施工进度计划及工期保证措施

7.1 施工进度计划编制
7.2 工期保证措施
7.3 施工进度计划网络图
7.4 主要材料供应计划
7.5 主要材料、设备及进场计划表
7.6 劳动力计划及保证措施
7.7 节约计划

第8章 工程质量保证技术措施

8.1 重点分部分项工程质量保证技术措施
8.2 施工组织设计的审批制度
8.3 技术质量交底管理
8.4 技术复核与隐蔽工程验收
8.5 现场材料质量管理
8.6 计量器具管理
8.7 样板制的规定
8.8 分部、分项工程质量评定
8.9 工程质量奖惩制度
8.10 半成品、成品保护措施
8.11 主要交叉施工配合措施
8.12 竣工资料编制、移交

第9章 工程安全保证措施

9.1 执行的主要安全技术规范、规程标准
9.2 安全生产管理
9.3 施工安全特点

9.4 安全重点防护对象
9.5 施工安全技术措施

第 10 章 文明施工措施

10.1 现场文明施工措施
10.2 现场治安保卫和消防措施

第 11 章 防尘、降噪等环境保护措施

11.1 防止大气粉尘、水污染措施
11.2 防尘降噪措施

第 12 章 季节性施工

12.1 雨期施工措施
12.2 冬期施工措施

第 13 章 降低成本措施

第 14 章 新材料、新设备、新工艺、新技术的运用

第 15 章 施工、协调、配合管理

第 16 章 其他相关管理

第 17 章 认真贯彻执行《工程建设标准强制性条文》

第 18 章 建设工程回访与工程质量保修

19 施工验收表格

19.1 检验批质量验收记录

19.1.1 检验批的质量验收记录由施工项目质量检查员填写,监理工程师(建设单位项目专业技术负责人)组织项目专业质量检查员等进行验收,并按表19.1.1记录。

检验批质量验收记录　　　　表 19.1.1

工程名称		分项工程名称		验收部位	
施工单位			专业工长	项目经理	
施工执行标准名称及编号					
分包单位		分包项目经理		施工班组长	
		质量验收规范的规定	施工单位检查评定记录		监理(建设)单位验收记录
主控项目	1				
	2				
	4				
	5				
	6				
	7				
	8				
	9				
一般项目	1				
	2				
	3				
	4				
施工单位检查评定结果		项目专业质量检查员:　　　　年　月　日			
监理(建设)单位验收结论		监理工程师 (建设单位项目专业技术负责人) 　　　　年　月　日			

19.2 分项工程质量验收记录

19.2.1 分项工程质量验收记录由监理工程师(建设单位项目专业技术负责人)组织项目专业技术负责人等进行验收,并按表19.2.1记录。

分项工程质量验收记录　　　　　表 19.2.1

工程名称		结构类型		检验批数	
施工单位		项目经理		项目技术负责人	
分包单位		分包单位负责人		分包项目经理	
序号	检验批部位、区段		施工单位检查评定结果	监理(建设)单位验收结论	
1					
2					
3					
4					
5					
6					
7					
8					
9					
10					
11					
12					
13					
14					
15					
16					
17					
检查结论	项目专业技术负责人: 年　月　日			验收结论	监理工程师 (建设单位项目专业技术负责人) 年　月　日

19.3 分部(子分部)工程质量验收记录

19.3.1 分部(子分部)工程质量应由总监理工程师(建设单位项目专业负责人)组织施工项目经理和有关勘察、设计单位项目负责人进行验收,并按表 19.3.1 记录。

_____ 分部(子分部)工程质量验收记录　　表 19.3.1

工程名称		结构类型		层　数	
施工单位		技术部门负责人		质量部门负责人	
分包单位		分包单位负责人		分包技术负责人	
序号	分项工程名称	检验批数	施工单位检查评定	验收意见	
1					
2					
3					
4					
5					
6					
	质量控制资料				
	安全和功能检验(检测)报告				
	观感质量验收				
验收单位	分包单位	项目经理		年　月　日	
	施工单位	项目经理		年　月　日	
	勘察单位	项目负责人		年　月　日	
	设计单位	项目负责人		年　月　日	
	监理(建设)单位	总监理工程师 (建设单位项目专业负责人) 年　月　日			

参 考 文 献

1. 重庆市工程建设标准．混凝土结构加固工程施工及验收规程（DBJ 50—049—2006）

2. 中华人民共和国行业标准．混凝土结构后锚固技术规程（JGJ 145—2004 J 407—2005）．北京：中国建筑工业出版社，2005

3. 中华人民共和国国家标准．混凝土结构加固设计规范（GB 50367—2006）．北京：中国建筑工业出版社，2006

4. 贺曼罗．建筑结构胶粘剂与施工应用技术．北京：化学工业出版社，2001

5. 岳清瑞，杨勇新．复合材料在建筑加固、修复中的应用．北京：化学工业出版社，2006

6. 洪定海．混凝土中钢筋的腐蚀与保护．北京：中国铁道出版社，1998

7. 刘锡礼，王秉权．复合材料力学基础．北京：中国建筑工业出版社，1984

8. ［加］诺埃尔．P. 梅尔瓦格纳姆．混凝土结构的修复与防护．姜迎秋，许仲梓，陈小兵等译．天津：天津大学出版社．1995